鸣　谢

书稿助理

魏泽华　陈　亮

单位及个人：（以下排名不分先后）

中国动漫集团

中国虚拟现实产业联盟动漫委员会

沉浸式交互动漫文化和旅游部重点试验室

粤港澳大湾区青年企业家协会

江西泰豪动漫职业学院

山东御书房动漫科技有限公司

南京先行未来云科技有限公司

杭州玖城网络科技有限公司

影石Insta360

深圳市圆周率软件科技有限责任公司

北京极域科技有限公司

山西传媒学院新媒体研究所

广东省数字产业研究院

香港产学研合作促进会

香港科技协进会

赵沁平	周　钟	翁冬冬	苏志武	陈典港	赵连玖	牟　雪	吕照君	周广明	姜俊杰
张　江	胡丽娜	钱　冬	从修环	李美平	郝晓辉	王　鹏	王　涵	姚志奇	徐丽丽
姜宗钰	贺　晨	严　锋	王浩岩	崔选峰	刘婷婷	李连浩	韩　帅	陈　旭	车　琳
李德豪	安　旸	王松鹤	袁　玥	米　博	梁　滨	夏海斌	史　超	苗竞平	

虚拟现实技术

VR全景实拍基础教程

BASIC VR PANORAMIC PHOTOGRAPHY COURSE

（第二版）

韩 伟 著

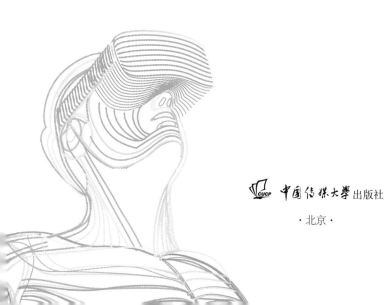

中国传媒大学出版社

·北京·

序

　　虚拟现实（Virtual Reality, VR）、增强现实（Augmented Reality, AR）技术是一种创建、体验虚拟世界和融合虚拟与现实世界的计算机技术，为人类认知世界、改造世界提供了易使用、易感知的全新方式与手段。VR、AR可以打破时空局限，拓展人们的能力，改变人们的生产与生活方式。经过半个多世纪的发展，VR、AR技术在各领域的渗透不断深化，行业发展活跃，市场需求旺盛，VR、AR产业发展的战略窗口期已经形成。越来越多的互联网巨头和专家认为，VR是继大型机、个人电脑、智能手机之后的新一代计算平台，是包括教育在内的各行业发展的新的信息支撑平台，是互联网未来的新入口和新的社交环境。

　　2021年，习近平总书记的"七一"重要讲话指出，我们已经踏上实现第二个百年奋斗目标的新征程。奋进新时代，需要新技术的助力赋能。VR、AR作为新一代信息技术融合创新的重要领域，起到了物理世界和日益壮大的信息世界之间的桥梁作用，在大众消费和垂直行业中应用前景广阔，正在逐步形成一个具有巨大发展前景的新兴产业。国家"十四五"规划纲要将VR、AR列为数字经济重点发展的七大产业之一。据赛迪智库预测，到2023年，虚拟现实国内市场规模预计达到4,300亿元。通过与互联网、云计算、物联网以及人工智能等新兴信息技术的结合，VR、AR技术正在形成支撑产业生态链条的基础平台与服务，VR、AR技术在许多行业进入规模应用，将有力支撑我国产业转型与消费升级。

　　VR、AR技术是典型的交叉学科，技术面广、综合性强、产业链长。根据数据的流转过程，VR、AR技术大致可划分为数据采集、分析建模、感知交互、渲染呈现、传输分发和自然显示等领域。数据采集技术是VR、AR内容生产的关键，它决定了后续建模等环节的质量。借助于各种采集设备对真实世界进行数据采集，结合创意将这些数据通过专业软件转换为三维场景中的模型或其他元素。常用的VR数据获取设备一般可以分为照相、摄像、3D激光扫描等通用型和CT、核磁等领域专用型两大类。因其简单、方便、效果真实，全景数字化采集已经成为目前VR数据采集的流行手段之一，相关专业拍摄人员的需求不断扩大。

韩伟的《虚拟现实技术：VR全景实拍基础教程》系统地对VR全景拍摄方法进行了介绍，既有理论支撑，又有实例讲解，既告诉读者"是什么"，又指导读者"怎么做"，能够让学生读完本书后对VR全景拍摄有全面性的了解。本书第一版已被多所学校采用作为教材，对相关人才培养和培训发挥了重要作用，相信第二版经过修订完善将更好地发挥其价值，为学习者下一步的实践与应用打下良好的基础。

丰富的数据源、广阔的行业应用与巨大的消费需求，是我国虚拟现实产业发展的重要优势。与此同时，我们在技术原始创新、软硬件基础平台建设、专用设备研发、标准化推进等方面还有很大的提升空间。"十四五"期间是我国虚拟现实产业取得大发展、进入各行各业的关键时期，期待虚拟现实技术迎来长足发展，为我们的生活带来更多精彩。

2021年8月

（赵沁平，北京航空航天大学教授、博士生导师，中国工程院院士。现任教育部科技委主任，北京航空航天大学学术委员会主任，中国仿真学会理事长，虚拟现实技术与系统国家重点实验室主任）

第二版前言

时光如白驹过隙，眨眼间，距离上一本书的出版已过两年。这期间，发生了很多大事，首当其冲的就是新型冠状病毒在全世界肆虐，并且演变态势日趋严峻，给整个世界发展带来极其大的不确定性、不稳定性。我修订这本书时，这个事件依然存在。

突如其来的疫情，打乱了整个社会的既定发展节奏，也深深影响了各行各业。虚拟现实这一新兴媒体，就这样被推到了前端。比如在疫情最严重的时候，VR游览景区已经成为趋势，VR云端会议解决了商务上无法见面的痛点，VR慢直播也逐渐让大众接受，"VR+各个行业"的应用均得到了较大的发展。与此同时，各大VR硬件厂商都加速了各自的研发进度，新品不断迭代，全新的VR头显、VR摄影机、VR展示方式为VR、AR行业提供了强大的助推力。特别是2021年以来，各大资本市场纷纷布局投资VR行业，更进一步推动了VR产业的快速发展。

在这个飞速发展的时代，虚拟现实行业正在以惊人的速度向社会创新发展多元化落地。这两年来，软硬件产品的更新更是速度惊人。通过一组数据来看：VR Glass升级了6 DOF 套装；创维发布了超短焦VR头显V601；新加坡VR厂商Deca发布了一款支持Steam 内容的PC VR 头显DecaGear PC VR；大朋发布的基于P1 Pro 4K一体机打造了VR 学习机；影创科技发布的AR眼镜，是其旗下首款支持6DOF 的AR 眼镜，命名为鸿鹄。截至2020年10月底，Oculus Quest 平台共有221 款游戏与应用；Steam平台共有VR 游戏5,363 款；Oculus PC 端平台游戏与应用共有1,740 款；PS VR 平台共有391 款游戏和应用；Vive Port 平台共有2,461 款内容；国内Pico 内容平台共有157 款游戏和应用。

从2018年开始，我作为世界VR产业大会的嘉宾，已经连续参加三届。中国江西南昌市政府发展VR的决心很大，世界VR产业大会目前已经永久落户南昌。从第一届的筹备到即将召开的第四届，将近4年的时间里，我看着身边的 VR、AR公司一个一个地起来，一个一个地倒下，特别是市场在2019年对VR、AR一致唱衰。客观地讲，失败的原因有很多，但我认为，其中一个逃不掉的原因，就是忽略了媒介展示这一主要特性。他们往往在内容表现上，为了虚拟现实而虚拟现实，一味地闭门造车，强调并夸大虚拟现实的功能和特点，甚至夸大到可以替代原有媒体的表现形式，而不考虑在市场落地应用中如何解决甲方的痛点。这样的思维方式，注定走向极端，也很容易走向失败。

习近平总书记说过，当今世界正处在一个历史性的大变革时期。虚拟现实也是如此，它作为新的媒体，有着之前媒体所没有的特点和表现手段。随着国家5G进程的加快和人工智能、物联网等的进一步普及，虚拟现实这种新的媒体，必须要跳出DEMO（示范、展示、样本），从PPT中走出来，紧跟各类新技术融合发展大趋势，贴近市场，应用并服务于社会各行各业，这才有其优势与未来。

由于日新月异的技术迭代，《虚拟现实技术：VR全景实拍基础教程》第一版中涉及的虚拟现实硬件产品，有很多都已退出了市场，现在更新更好的相关硬件产品已崭露头角并得到很好的应用。因此，我觉得，是时候该把本书的改版提上日程了。在本书第一版面市后，有不少读者就书中的技术问题纷纷给我发邮电、打电话，这其中有很多的高校老师，我们围绕技术探讨、行业发展进行了深度交流。在讨论中，可以看出大家对于这本书内容的认可和对虚拟现实行业的期许，同时也给了我很多宝贵的意见和建议。在此，我要特别感谢那些在本书出版过程中给予宝贵意见的各位老师、各位行业的专家和各位朋友。

本书定位于从零开始学习虚拟现实基础拍摄和制作的初学者，适合作为高等职业院校以及大中专院校虚拟现实、数字媒体、新媒体艺术、摄影摄像等相关专业学生VR全景拍摄课程的教材，也可作为相关从业人员的参考用书。

需要特别说明的是，本书中部分图片源于网络，由于未找到图片作者，故未标明出处，若原作者看到本书后有任何问题，可直接与本书作者取得联系，邮箱为120719471@163.com。同时，也非常欢迎各位读者朋友为本书提出宝贵的意见和建议。

韩伟

2021年8月1日于山东青岛

第一版前言

不管你对VR虚拟现实技术感不感兴趣，都有必要深入了解这门体验技术，它是一项能够让人足不出户便可以进入纯虚拟空间的全新技术手段，目前主要是通过佩戴身体附加装置来进入这个虚拟空间。VR的本质是要实现感官模拟，理论上要做到模拟人的视觉、听觉、嗅觉、味觉与触觉，不过现阶段通过头显还只能做到对前两者的模拟，即视觉与听觉。在触觉方面，VR设备可以搭配一些控制杆或者手套类设备进行相应的操作，现在比较流行的虚拟现实类游戏更多采用的就是这两种操作方式。目前仅仅是对视觉与听觉的模拟就已经可以应用到许多事项上，例如模拟影院观看电影、进入虚拟现实参观数字化博物馆、足不出户穿戴设备后进入旅游景点、"亲临"各大直播现场，以及众多关于影音方面的虚拟现实实景应用，让人沉浸于另一个空间内。配合即将到来的5G商用化、城市数字化、人工智能化等相应技术手段，极高清的影像技术将再次改变我们认识世界的手段和记录世界的方法。

虚拟现实技术由来已久，早在20世纪60年代，第一套可以应用的虚拟现实设备就已出现，之后虚拟现实技术进入积累期，计算机和图形处理技术的共同进步为VR虚拟现实的商业化奠定了基础。进入20世纪80年代，计算机技术的提升加深了虚拟现实的体验，也增加了它的可能性。1987年，全球第一款商用化的VR头盔产品面世。但随后由于计算机处理能力的不足，这样的热潮并未持续很久。之后的虚拟现实设备主要服务于一些政府和专业机构，例如航天局的飞行模拟器装置。VR技术的爆发是从2014年虚拟现实科技公司Oculus被Facebook以20亿美元全资收购事件开始的，因此，2014年也成为虚拟现实技术发展的元年。至此，虚拟现实技术开始在社会上崭露头角。

如今，VR产业的发展已处于快速发展的阶段，从2014年到2019年，VR产业从市场的培育，到硬件、软件与技术之间的摸索和整合，形成了初步的行业链条。

在这样的情况下，虚拟现实技术成为教育课程，培养人才也成为目前的刚性需求。

2018年9月14日，教育部正式宣布在《普通高等学校高等职业教育（专科）专业目录》中增设"虚拟现实应用技术"专业，从2019年开始执行。至此，虚拟现实技术成为大学的一门专业学科。我们遍寻市场，竟没有找到一本专业、统一的关于虚拟现实技术的完整教材。所以，当此项技术逐渐完善、市场专业人才缺口较大、业内专业教材匮乏的情况下，本书旨在为VR虚拟现实全景拍摄以及直播提供相关技术说明，试图填补这片空白。

对于虚拟现实技术，我们总共将它分为三部分：第一部分是实拍，包括了全景图片的拍摄制作、全景视频的拍摄制作和全景直播的相关内容；第二部分是虚拟建模以及虚拟场景的搭建与应用；第三部分是硬件开发，如VR、AR头显头盔的适配研发等。虚拟现实的内容制作主要集中在前两部分，而这本书率先推出的是第一部分的内容。在这部分里，我们会将虚拟现实的规模、市场及政府相应的政策进行详细说明，在此基础之上，详细介绍VR全景拍摄（VR全景图片）、VR全景视频与VR全景直播相关技术和应用。我们目前推出的这本《虚拟现实技术：VR全景实拍基础教程》，希望有助于推动虚拟现实技术大踏步向全民化普及，走向市场化应用。随后我们将会推出《虚拟现实技术：VR虚拟建模基础教程》，敬请期待。

需要特别说明的是，本书中有部分图片来源于网络，由于未找到图片的作者，故未标明出处，若原作者看到本书后有任何问题都可直接与本书作者取得联系，邮箱为120719471@163.com。同时，也非常欢迎各位读者朋友为本书提出宝贵的意见和建议。

CONTENTS 目录

扫码获取更多
数字资源

第一章

虚拟现实概论

导读：　本章节主要向大家介绍虚拟现实技术的诞生历程及当下行业发展情况。

第一节　虚拟现实概述

一、虚拟现实的概念

从农耕时代到工业时代再到信息时代，技术的不断进步带动了生产力的提高，并不断推动人类社会向更高层次发展。今天，互联网、云计算、虚拟现实、大数据、人工智能等新技术，正以改变一切的力量，掀起一场影响人类所有层面的深刻变革。新技术正在重构产业结构，提升产业效益，推动人类社会向数字化和智能制造时代迈进。未来，知识和智慧将会取代资本和资源，成为驱动经济社会发展的关键力量。作为战略性前沿技术之一的虚拟现实技术，随着硬件成本的降低，市场需求量不断扩充，但其在制作标准和技巧上尚没有形成技术标准，所以制作内容参差不齐，迫切需要从产业流程和发展角度进一步深入，形成标准，从而带动规模化发展。

虚拟现实（virtual reality, VR）技术是指采用以计算机技术为核心的技术手段生成一种虚拟世界，可以全方位观看三维空间的技术。VR技术能够将用户的感知带入由它创建的虚拟世界，通过视觉、听觉和触觉等获得与真实世界相同的感受。

虚拟现实，是虚拟和现实的相互结合。虚拟现实技术是一种可以创建和体验虚拟世界的计算机仿真系统，它利用计算机生成一种模拟环境，使用户可以沉浸到虚拟环境中。虚拟现实技术就是利用现实生活中的现有内容及数据，通过计算机技术将其与各种输出设备结合，使其转化为能够让人们感受到的现象，这些现象可以是现实中真真切切的物体，也可以是我们肉眼看不到的现象，通过三维模型表现出来。

　　虚拟现实技术可以使使用者在虚拟现实世界体验到最真实的感受，其模拟环境的真实程度与现实世界难辨真假，它具有一切人类所拥有的感知功能，比如听觉、视觉、触觉、味觉、嗅觉等感知系统；它具有超强的仿真系统，真正实现了人机交互，虚拟现实技术拥有存在性、多感知性、交互性等特点。

　　当前，标准的虚拟现实系统使用虚拟现实头戴式显示器或多投影环境来生成逼真的图像、声音和其他感觉，以模拟用户在虚拟环境中的物理存在。使用虚拟现实设备的人能够环顾人造世界，在人造世界中四处移动，并与虚拟事物互动。这种效果通常是由VR头戴式受话器产生的，包括头戴式显示器和在眼前的小屏幕，但也可以通过具有多个大屏幕的经过特殊设计的房间来创建。虚拟现实通常包含听觉和视频反馈，但也可以通过触觉技术允许其他类型的感觉反馈。

二、虚拟现实概述

　　人类获取信息大致经历了从单向到双向、从一维到多维、从简单到复杂的过程。

　　虚拟现实及增强现实技术是多维度成像技术，技术应用特点主要包括环境侵入性强及交互性等多个方面。它们运用图像三维立体呈现，实现对数据环境的模拟，以此提高图像真实感。两种技术在实践方面存在一定的共通性，增强现实是由虚拟现实发展起来的，两种技术可以说同根同源，均涉及了计算机视觉、图形学、图像处理、多传感器技术、显示技术、人机交互技术等领域，二者有很多相似点和相关性：首先，都需要计算机生成相应的虚拟信息；其次，都需要使用者使用头盔或类似显示设备，这样才能将计算机产生的虚拟信息呈现在使用者眼前；最后，使用者都需要通过相应设备与计算机产生的虚拟信息进行实时互动交互。

　　VR技术初创期（20世纪60—70年代）：虚拟现实技术开始于20世纪60年代，从1956年起，人类便开始探索虚拟现实技术。1957年，电影摄影师莫顿·海林（Morton Haylin）发明了名为Sensorama的仿真模拟器，并在1962年为这项技术申请了专利。这就是虚拟现实原型机——第一套可应用的虚拟现实设备。这套设备后被用来模拟飞行训练。Sensorama是通过三面显示屏来形成空间感的，它体形庞大，用户需要坐在椅子上将头探进设备内部才能体验到沉浸感。如图1-1、图1-2。

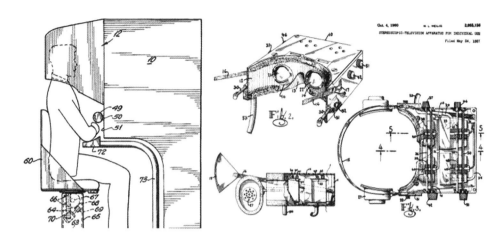

图1-1 仿真模拟器Sensorama设计图

图1-2 仿真模拟器Sensorama实体图

VR技术积累期（20世纪80—90年代）：计算机和图形处理技术的进步为VR技术迈向商业化奠定了基础。进入20世纪80年代以后，计算机技术的提升加深了虚拟现实的体验。1987年，全球第一款商用的VR头盔产品出现。紧接着，任天堂、索尼等公司纷纷推出VR游戏机，引发了一股VR商业化热潮。但是当时计算机处理能力不足，此次商业化热潮并未持续很久。之后的虚拟现实设备主要应用在一些政府和专业机构，比如航空航天局的飞行模拟装置等。

VR技术爆发期（21世纪）：在21世纪的第一个十年里，智能手机迎来了爆发期，虚拟现实仿佛被人遗忘了一样。尽管在市场尝试上不太乐观，但行业爱好者从未停止在VR领域的研究和开拓。随着VR技术在科技圈的充分扩展，科学界和学术界对其也越来越重视，VR技术在医疗、飞行、制造、军事领域开始得到深入的应用研究。高密度显示器和3D图形功能智能手机的兴起，使得新一代轻量级高实用性虚拟现实设备的投入使用成为可能。深度传感摄像机传感器套件、运动控制器和自然的人机界面已经是日常人工智能的一部分了。2014年，Facebook以20亿美元收购沉浸式虚拟现实技术公司Oculus，该事件强烈刺激了科技圈和资本市场，沉寂多年的VR终于迎来了爆发期。Facebook收购Oculus事件成为VR进入新时代的标志性事件。

2018年，中国各大商业巨头纷纷转战VR领域，逐渐提出"VR+行业""VR+产业及行业"等关键词。

2014年至2017年，VR产业从市场的培育到硬件、软件、技术之间的摸索和整合，初步形成了行业链。2018年到2020年，VR产业平稳迅速发展，行业内的标准逐渐规范，VR企业级消费迅速发展，VR消费级市场认知也在人们的认知中逐步加深。此时，国内还没有形成商业化和体系化的工具平台，但国内的应用丰富程度较高，涉及游戏、教育、健身、体育、医学、制造等诸多方面。根据国外研究机构eMarketer发布的报告，从所有应用领域关注度最高，并按照产生投资效果的排名来看，分别是游戏、教育、建筑制造、医疗健康、电影电视、零售业、制造业、体育，这其中并不缺乏国内公司的身影。预计2020年至2025年，VR将会进入成熟期，上下产业链将更加完善，软硬件一体化方案将更加成熟，技术将进一步整合且会应用于社会的各个层面。

三、VR产业发展历程

从目前VR技术的发展方向来看，它能够应用的领域非常多，包括电竞+VR、音乐+VR、旅游+VR、教育+VR、体育+VR、医疗+VR、健身+VR等。"+VR"足以颠覆一个时代用户的使用方式。

表1-1　2018年国内外VR行业发展对比

	国内	国外
厂商	以初创型企业的开发拓展为主，后有大型公司逐渐加入或投资收购	以几大科技巨头企业为主力，小型企业团队多以开发内容为主
成本与价格	成本相对较低，产品定价也比国外产品低	成本较高，产品定价普遍较高

	国内	国外
产品开发周期	开发周期相对较短，产品同质现象比较严重	开发周期相对较长，产品之间各有所长
产品交互性	交互性能普遍较差，超半数设备不支持外接操作	交互性能相对较好，也有许多团队专门研制交互操作设备
内容平台	产品的内容平台多是官方论坛和普通应用，差异性小，吸引力一般	产品有专门的内容渠道及作品，且产品不断优化，吸引力大
硬件平台	手机端VR设备普遍更受欢迎，PC端设备仅适用于深度用户	手机端、PC端、主机端
产品适配性	适配设备广泛，对硬件要求低	适配设备较少，对硬件要求高

相关数据显示，中国进入2020年以后，虚拟/增强现实技术在娱乐、教育、艺术、军事、航空、医学、机器人等方面的应用比例均有大幅度提高。此外，在可视化计算、智能制造等方面也占有较大的比重。如今，"AR/VR+产业"的运作模式融入了社会的各个行业，5G时代的到来也将为虚拟/增强现实技术注入新的活力，其背后巨大的市场商业价值正在日渐凸显。

中国是全球虚拟/增强现实产业创新创业最活跃、市场接受度最高、发展潜力最大的地区之一。从需求端考虑，近些年来虚拟/增强现实概念不断发展，民众对虚拟/增强现实的了解程度不断增强。据IDC研究报告，中国虚拟/增强现实消费支出在2019年和2020年的增长率都高于100%。从行业规模看，虚拟/增强现实有望迎来发展高峰。根据艾瑞咨询的数据，2021年中国虚拟/增强现实市场规模为730.4亿元，预计2023年将达2,000亿元。5G时代，所有用户都需要快速的互联网连接来呈现高质量的VR内容，VR有可能成为智能手机、电视以外的第三块屏幕。虚拟现实和5G等前沿技术不断融合创新发展，进一步促进了虚拟现实的应用落地，催生了新的业态和服务。虚拟现实相关传感、交互、建模、呈现技术正走向成熟。虽然中国VR产业前景广阔，但仍存在诸多问题。从用户的角度来看，目前VR内容和应用还不够丰富，处在较为初级的阶段；从生态的角度来看，目前缺乏标准化体系。而关键技术不足、内容与服务教育缺乏、创新支撑体系不健全、利用生态不完善等问题，都需要围绕技术、标准、产品、应用服务等产业链关键节点加强产业联动，大厂商、第三方研究机构、开发者各方应深入分析、挖掘虚拟现实产业的直接与间接价值，增强消费者体验，探索开放合作模式，促进产业全方位体系化发展。

虚拟现实技术目前已经广泛地应用于城市规划、室内设计、工业仿真、旅游教学、水利电力、地质灾害等多个领域，并在不断拓展当中。随着应用市场的不断扩大，应用内容的制作将越来越丰富多样。面对已日趋丰富的虚拟现实应用内容，建立规范合理的行业标准已迫在眉睫。标准的制定，可以为虚拟现实的内容制作提供规范，在建立虚拟现实内容产业发展基础的同时，也对虚拟现实技术及其产业发展起引导作用，对我国快速抢占虚拟现实行业的制高点具有重要意义。

第二节　网络对虚拟现实行业的影响

一、5G时代到来

早在古代，人们就利用烽火、鸽子等手段来传递信号，以达到人与人之间互相传递信息的目的。迄今为止，人类总是会用不同的手段把信息传得更远。因为，信息的传递速度和信息本身同样重要。时代在不断发展，通信的速度亦不能落后。

第一代通信技术属于模拟通信时代，20世纪60年代，美国贝尔实验室等研究机构提出了移动蜂窝系统的概念和理论；之后，欧美国家和日本都相继启动了第一代通信网络的研发。通过一系列的调制声音源信号，把信息传输给接收方进行调制解调，还原成为音源信号进行接收，这个阶段是蜂窝移动通信的开创起点。它面世后就受到了热烈的追捧。"G"是generation，是"代"的意思。1G即是first generation的缩写，故"第一代移动通信技术"简称为1G。但是，1G网络在技术上只支持语音传输，属于"傻白甜"式的通信技术，它具有诸多弊端和限制。例如，抗干扰性差，容易出现网络异常等情况，而且极度不稳定，容量系统低。

第二代通信技术是由模拟信号转变为数字信号。大家都知道数字信号是由数字0和1组成，在模拟信号基础上，进行采样、编码得到的，在时间维度和信号幅度上进行体现。这时数字通信的抗干扰程度、加密手段都要比第一代的模拟通信强很多，在GSM上又采用了时分多址的方式来提升信道容量和质量。

第三代通信技术是支持高速数据传输的蜂窝移动通信技术。2000年，国际电信联盟正式公布该技术，在语音和短信的基础上，增加了数据通信，手机可以连接网络，就是大家都熟知的3G时代。2008年，我国才开始普及3G，更多人使用手机上网，互联网企业迅速崛起。随着生活、办公、游戏等多种方式的变化，人们逐渐认识到网络数据带来的好处。

第四代通信技术是集3G与WLAN于一体并能传输高质量视频图像且图像传输质量与高清晰度电视不相上下的技术。4G的网络传输速度可以高于3G十几倍、几十倍。2013年12月，工业和信息化部正式发布4G牌照，宣告我国通信业进入4G时代。高清视频通话、文件快速传输等可以满足人们对于网络的大部分需求。4G不再局限于通信行业，还适用于教育、医疗、交通、金融行业，各方网络组成一个清晰、完整的网络体系。这时的虚拟现实开始逐渐"蓄力待发"，各种技术开始碰撞融合，逐渐开拓市场。

2016年1月7日，工业和信息化部的"5G技术研发试验"正式启动。中国三大通信运营商于2018年迈出5G商用的第一步，并力争在2020年实现5G的大规模商用。2018年6月26日，中国联通表示在2019年进行5G试商用。2018年12月10日，工业和信息化部公布向中国电信、中国移动、中国联通发布5G系统中低频段试验频率使用许可。2019年1月24日，华为发布5G基带芯片。2019年1月，中国移动发布第一个5G宣传片，让大家清晰地看到5G到来之后我们生活的场景。2019年2月18日，上海虹桥火车站正式启动5G网络建设。2019年6月6日，工业和信息化部向中国电信、中国移动、中国联通、中国广电发放5G商用牌照。中国正式进入5G商用元年。

第五代通信技术，全称是第五代移动电话行动通信标准，简称"5G"。5G的理论速率可以达到每秒10G，特点是低时延、高可靠、高密度。它的下载速度能够达到1.25GB/s，这意味着下载一部8GB的高清电影只需要6秒。随着5G网络的集成，中国移动、中国联通、中国电信都在尝试VR数据包的开发。5G时代的到来也将为虚拟现实行业带来更多机遇和挑战。5G的网络速度在4G的基础上又高出了百倍，同时万物互联、人工智能、大数据、区块链等也在不断试水，移动互联网技术和物联网技术的需求也更加明显。用智能终端分享3D电影、游戏以及超高画质（URD）节目的时代正向我们走来。以5G产业目前的发展速度，VR有望成为5G的首选业务，它会像互联网一样，进入我们生活的方方面面。尤其是在商用领域，VR技术能为其助力，它能够和任何产业、行业结合在一起，衍生出新的东西和新的体验。对于VR技术来说，这才是它应有的良性发展方向。

普通人对5G的理解大概只是停留在上网速度更快、看视频、玩游戏不卡顿等方面。其实5G到来之后，依托5G新技术实现万物互联将成为可能，我们面临的将是一个万物互联的世界，5G将赋能各垂直行业，我们的生活方式也将发生巨变。简单来说，5G将突破人与人的连接，转变为人与物、物与物的连接。如图1-3、1-4。

图1-3　5G AR创新课堂[①]

图1-4　5G配网保护

　　沟通领域：超高清视频会议会让连接看得见，如身临现场；在运营商提供的5G网络条件下，云网融合、云端互动、多屏高清、低延时的互通互联都将轻松实现。通过超高清视频会议，人们即使相隔万里，也能无障碍地实现面对面交流沟通。如图1-5。

① 本章图1-3至图1-10的图片均来源于中国移动5G宣传片。

图1-5　5G超高清视频会议

教育领域：5G云端智能机器人、5G远程教学、5G无人机校园巡逻等新应用都将在校园内实现，学生的人身安全将得到更加全面的保障。如图1-6。

图1-6　VR平安校园

5G的引入会颠覆传统的教育方式，学生在未来将能够随时随地进行视频学习，而不再需要以教室为必备的基础性设施。在线学习的方式也为农村学生提供了更多便利，让教育变得更加公平。如图1-7、1-8。

图1-7　5G远程互动教学

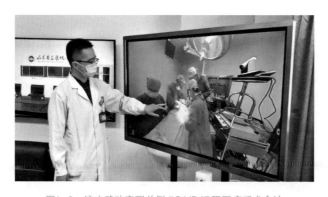

图1-8　济南移动实现首例5G VR远程医疗手术会诊

医疗领域：5G超低时延的网络环境能够实现与医生面对面交流，5G远程医疗能够缓解医疗资源配置失衡，实现"医疗、医药、医保"联动，提高医疗质量，降低医疗成本，改变患者看病难的困境。如图1-8。

交通领域：5G时代，驾车出行将更加智能和便利，汽车会自动控制行驶方向与刹车，司机坐在车里什么都不用干，汽车自己左躲右闪地一路狂奔，高超的驾驶技术远超任何老司机。此外，无人机安防布控、产品质量云端智能检测在5G时代都将变得全方位、无死角。如图1-9、1-10。万物互联，未来已来。

高带宽、低时延、广覆盖的5G技术将极大地提高数字传输技术，5G技术不仅改变我们的生活，而且推动各行业积极发展。在这样的时代大潮中，我们一直研究的虚拟现实场景将做出哪些贡献呢？其实，相比物联网、自动驾驶、远程医疗等应用，VR

是最先受益于5G的一类中端设备,因为在5G时代来临之前,制约虚拟现实的一大瓶颈就是快速大量的数据传输和建模所需要的庞大的计算能力。

图1-9　5G自动驾驶

图1-10　5G无人机实时数据采集、检测

二、政策推动VR与5G加速发展

在中国科技发展历程中，政府的扶持对产业的兴盛起着至关重要的作用，尤其是地方政府对科技和经济发展的影响更为深远。北京市新技术产业开发试验区是中关村科技园区的前身，于1988年5月10日经国务院正式批准成立，是我国第一个高新技术产业开发试验区。在中关村诞生了领导中国互联网时代的巨头，比如百度、新浪、搜狐、京东等，创造了无数令人称赞的科技创业佳话。对于VR、AR产业发展来说，政府的支持政策同样至关重要。

事实上，自VR产业在国内蓬勃发展以来，就一直不缺政府的身影。2016年2月22日，中国（南昌）虚拟现实VR产业基地面纱的揭开，打响了全球城市级虚拟现实产业布局的"第一枪"。时任南昌市市长郭安曾表示，南昌市将启动全球首个城市级虚拟现实产业规划，南昌有机遇、有信心、有支撑推动虚拟现实产业在南昌生根发芽，并打造千亿级VR产业。

福州紧随其后，在2016年2月27日宣布打造中国福建VR产业基地，不久后《关于促进VR产业加快发展的十条措施》即出台。其实，除了南昌和福州外，当时国内的三大VR产业基地相继成立，分别为济南VR产业基地、中国西部虚拟现实产业园（成都）和青岛VR、AR产业创新创业孵化基地，这些都是在政府的扶持下建立起来的。这些产业基地在良好的运作下将会形成庞大的产业链，深刻影响当地的经济和文化。

《工业和信息化部关于加快推进虚拟现实产业发展的指导意见》（以下简称《意见》）于2018年12月25日公布，该《意见》提出，到2025年，我国虚拟现实产业的整体实力要进入全球前列。5G商用近在咫尺，与5G关系密切的VR行业也将迎来新的生机。未来，5G将和云技术合力改变移动业务的发展趋势，呈现出智终端、宽管道、云应用的大趋势。VR作为业界普遍看好的5G首批典型应用，其应用场景和业务范围将会被拓宽，产业也将会得到规模化发展。

从技术上看，5G的高速率、大带宽、低延时会在很大程度上优化VR体验，使内容形态多样化。比如，5G时代的到来让高清晰度、高码率的全景直播成为可能，5G网络可实现上行单用户体验速率达100fbps以上，空口时延100微秒，这将会使VR直播更加流畅、更加清晰，让用户体验时的眩晕感大大降低。2019年全国"两会"就是利用5G网络的超高带宽和网速来实现虚拟现实现场直播的。在新闻中心，主持人只要戴上现场提供的VR一体机，连接上5G网络，就能实时收到人民大会堂传回的"两会"报道。特别是通过安装在人民大会堂部长通道的5G网络和VR高清摄像头，就能让主持人通过VR眼镜实时观看到记者对部长们的采访直播。5G技术由此衍生出一种新的商业模式Cloud VR。Cloud VR也称"云VR"，是一种全新的商业模式，利用5G的高速网络让Cloud VR从本地走向云端，而在此之前只有少数高投入才能获取高性能多媒体VR内容。对于数据存储、处理能力的巨大需求，往往需由高级别PC端或经特殊改造的物理网络来实现。

目前，大多数VR应用还依赖于头盔或其他设备才能完成复杂的技术处理，而技术需求对以头盔为代表的设备又有种种限制，使设备的可移动性大打折扣。与国外行业巨头相比，国内企业无论是在技术、积累和规模上都存在一定差距。VR、AR技术是新一代人工智能领域的重要组成部分，是新型显示技术、人机交互技术和互联网技术等多种前沿技术的综合性技术，是新一代信息技术的集大成者，被列入强化实施创新驱动发展的国家战略。

国家为此出台了一系列的扶持政策：《国家创新驱动发展战略纲要》《国家中长期科学和技术发展规划纲要（2006—2020年）》《"十三五"国家科技创新规划》《"十三五"现代服务业科技创新专项规划》。2017年，国务院印发的《新一代人工智能发展规划》明确指出，要研究开发VR、AR融合创新技术，结合新时期国家战略和经济社会发展需求，加快推进现代服务业发展。工业和信息化部为贯彻落实《国务院办公厅关于加快应急产业发展的意见》和《国家突发事件应急体系建设"十三五""规划"》等要求，印发《应急产业培育与发展行动计划（2017—2019年）》，鼓励将VR、AR用于灾害救援等应急产业。科技部、发展改革委等六部委联合印发的《"十三五"健康产业科技创新专项规划》明确提出：重点开发VR康复系统，加快VR、AR智能医疗技术突破。2019年，工业和信息化部、国家广播电视总局、中央广播电视总台印发《超高清视频产业发展行动计划（2019—2022年）》，提出推动重点产品产业化，如虚拟现实（增强现实）设备等产品普及。科技部、中宣部等六部门印发《关于促进文化和科技深度融合的指导意见》，提出加强文化创作、生产、传播和消费等环节中的关键技术研究，开展文化资源分类与标识、数字化采集与管理、多媒体内容知识化加工处理、VR、AR虚拟制作、基于数据智能的自适配生产、智能创作等文化生产技术研发。2020年，工业和信息化部、民政部等五部门印发《关于促进老年用品产业发展的指导意见》，明确提出：针对老年人功能障碍康复和健康管理需求，加快人工智能、脑科学、虚拟现实、可穿戴等新技术在康复训练及健康促进辅具中的集成应用。

我国各省市也陆续推出了多项与VR相关的利好政策，为VR技术持续发展提供大片沃土。

2016年，北京市发布《关于促进中关村虚拟现实产业创新发展的若干措施》，强调要做到虚拟现实产学研用协同创新，支持各创新主体联合建设共性技术平台。上海市2016年发布《科技创新"十三五"规划》，提出要在人工智能、虚拟现实与增强现实等领域开展技术攻关；2017年发布的《关于创新驱动发展巩固提升实体经济能级的若干意见》中强调，需大力推动大数据、人工智能、虚拟现实、增强现实、微机电系统、卫星导航、增材制造等加快发展。江西省2019年6月发布的《虚拟现实产业发展规划（2019—2023年）的通知》中强调，加强顶层设计和区域协作，统筹规划产业链各环节发展战略，整合资源推进产业特色化集群发展，构建完善VR产业体系；2019年10月发布的《进一步加快虚拟现实产业发展的若干政策措施》中说明培育和发展虚拟现实领域的众创空间、孵化器、加速器等，推动虚拟现实领域创新、创业、创投、创客联动，线上与线下、孵化与投资相结合。青岛市崂山区2017年《促进虚拟现实产业发展实施细则（试行）》中提到，适时成立虚拟现实天使创投基金、协同创新基金、产业投资基金，形成多元化的资金投入机制；青岛市2019年年底发布的《崂山区虚拟现实产业发展三年行动计划2020—2022》中强调，需制定虚拟现实重点领域紧缺人才清单，设立"VR伯乐奖"，实施人才差异化招引策略。

2021年江西省VR产业发展领导小组印发《2021年虚拟现实产业发展工作要点》，内容详见二维码。

2021年虚拟现实产业发展工作要点

第三节 VR行业发展趋势

国内各大科技公司已经针对VR相关产品的使用产生眩晕感及售价昂贵等问题，做出了成熟的解决方案。华为无线应用场景实验室与北京传送科技有限公司签署了谅解备忘录，联合开发基于5G网络的云端渲染VR解决方案，将复杂的图像处理转移到云端进行，并且利用5G技术的超低时延，实现交互式VR内容的实时云渲染。

中国移动研究院副院长魏晨光说，"VR产业已经进入成熟阶段的'爬坡期'，VR内容的生产以及分发机制基本成型，用户的习惯已逐渐养成，垂直领域的融入度不断提升。"他还表示，5G将为VR产业应用带来巨大发展空间，进一步提升VR应用的交互性和沉浸感，让VR技术从传统的娱乐行业向各垂直行业应用拓展。[①]

未来，VR将从B端逐渐向C端过渡。硬件厂商会最先受益，但持续发展则离不开高质量的内容。届时，既有能力生产优质内容同时又与渠道平台建立良好联系的内容制作公司将会表现出更多优势。

华为技术有限公司总裁李腾跃表示，现阶段VR产业还存在优质内容缺乏、边缘

---

① 当VR遇上5G，将会带来什么改变？[EB/OL].（2020-08-20）[2021-11-08]. http://www.360doc.com/content/20/0820/14/29968938_931280533.shtml.

计算不具备、网络延时需优化、"头显"体验待提升等挑战，"积淀方能迎来爆发，唯有实现'设备+网络+内容'共同推送，才能让VR产业健康快速发展"①。

中兴通讯联手中国移动研究院，开发并展示基于5G网络MEC（移动边缘计算）架构的VR云游戏。另外，中兴通讯MEC平台整合业界领先的GPU（图形处理器）虚拟化技术，为更多用户提供高性能的图形渲染服务。中国工程院院士、虚拟现实产业联盟理事长赵沁平表示，我国VR技术已广泛应用于大众娱乐、文化旅游、教育、智慧城市、装备研发、医疗等多个领域。

随着5G的到来，更高清、更流畅的视频将在各应用场景中为用户带来更佳的体验，VR视频领域也不例外。正如，英特尔在报告中所提到的"用户对视频数据的需求，不仅仅是因为视频分辨率会提高，还因为额外的嵌入式媒体和优化的沉浸式体验（5G网络更低的延迟可帮助解决VR眩晕问题）"②。

根据赛迪顾问数据，2020年中国虚拟现实市场规模同比增长46.2%，预计未来三年中国虚拟现实市场仍将保持30%—40%的高增长率。

虚拟现实加快赋能千行百业，在制造、教育、医疗、文娱等领域不断催生新场景和新业态。2020年新冠肺炎疫情持续蔓延期间，虚拟现实技术在疫情防控和复工复产中发挥了积极作用，5G+AR远程会诊系统、AR查房、VR监护室远程观察及指导系统等解决方案提升了诊疗效率；非接触式AR测温、AR车辆管控系统等，降低了接触交叉感染的风险，助力复工复产；VR加快与5G融合，5G+VR直播业务逐渐成熟。为庆祝中国共产党成立100周年，人民日报新媒体与百度合作打造了"复兴大道100号"线上VR展馆，以场景化、沉浸式的视听体验，数字化还原了时代特色场景，让观众深度感知"百年风华，青春中国"。2021年6月18日正式开馆的中国共产党历史展览馆可通过VR实景体验长征、模拟高铁驾驶。2021世界人工智能大会上，虚拟主持人、自动驾驶AR小巴等也纷纷亮相。

虚拟现实产业集群化发展趋势已初步形成。依托雄厚的电子信息制造基础和广阔的市场，江西省、北京市、山东省、广东省成为我国虚拟现实产业重点企业的主要集中区域，这些区域的上规模企业集中，创新载体平台众多，高校和研究院实力强，产业资源丰富。其中，江西省率先打造虚拟现实产业基地，出台多项政策扶持虚拟现实产业发展，在研发、推广、应用上不断发力，历经数年打造，已经成为中国虚拟现实产业规模领先地区之一。

---

① 当VR遇上5G，将会带来什么改变？[EB/OL].（2020-08-20）[2021-11-08]. http://www.360doc.com/content/20/0820/14/29968938_931280533.shtml.
② 从《5G现阶段展望及看法》的发布到5G与VR、AR行业的融合展望[EB/OL].（2019-02-18）[2021-08-17]. https://www.sohu.com/a/295538033_475997.

工业和信息化部将以习近平新时代中国特色社会主义思想为指导，持续推动我国虚拟现实产业高质量发展，打造国内国外相互促进的新发展格局。加快产业融合创新，培育新业态。支持突破近眼显示、感知交互、渲染处理等核心关键技术，加快虚拟现实与5G、超高清视频、人工智能等技术融合发展。推动产业集聚发展，打造产业发展新高地。支持重点地区开展制造业创新中心等创新载体建设，推进重点行业应用示范，打造优势产业集群。深化对外开放合作，共创新市场，加强虚拟现实领域的国际交流合作，共同开拓技术发展新空间，共享全球最大的消费市场和技术应用市场，开启合作共赢发展新局面。

1G、2G、3G、4G的铺垫，让我们看到了未来的移动通信可能达到的效果。5G的发布，这些梦想都成为现实。5G技术会在容量、速度、延迟方面有大幅度提升，这将为下一代的沉浸式体验铺平道路。从最初的语音、短信、文字，到之后的音乐、视频等媒体，到最近的交互式多媒体，以及未来的沉浸式业务，我们的感受会层层提高。以现在的眼光来看20年前的手机，其功能十分简陋——单一的功能，极低的质量。但对于那时的人来说，能让有线而又烦琐的通话过程变为无线又便捷的"沟通"，简直可以被认为是"划时代"了。后来手机逐渐进入智能时代，再一次刷新了人们的认知，原来手机可以这么酷，功能可以这么多。

以前在我们的认知中，手机只是一个通话工具，现在却成了全能助手，几乎无所不能。从VR技术的角度来看，VR后续的发展路径会是什么，现在的人已经给出了很多方向。VR现在看起来可能还达不到我们期待的效果，现在的适用领域还较多地局限在游戏、教育、虚拟现实等方面，但是VR作为下一代极有可能广泛运用的技术，它的未来需要一个引爆的契机。而5G的出现，或许就是这样一个契机。我们即将迎来真正意义上的智能时代。

5G技术已经成为国际通信科技巨头竞争的新焦点，世界各国纷纷将5G建设视为重要目标。5G技术具有"大带宽、低时延、广连接"等特点，在5G众多应用场景中，视频被公认为是5G时代最重要和最早开展的业务，越来越受到社会各界的广泛关注。在5G、超高清、虚拟现实等新兴技术的催生下，广电行业视听内容的生产和传播即将发生新变革。国家广播电视总局正在顺应技术革新浪潮，抢抓5G发展机遇，深入推进5G条件下广播电视供给侧结构性改革，推动构建5G视频新业态。

未来，随着5G技术的加持，流媒体（包括VR视频在内）将拥有更强劲的可持续发展力。在这一趋势下，作为内容载体的VR流媒体平台的竞争，也势必会更加激烈。

第四节　中国VR人才培养现状

　　某专业机构在2016年发布的数据显示，全球虚拟现实从业者主要集中在欧美等以IT高科技为主导的创新型国家，中国虚拟现实产业发展较快，已严重出现人才紧缺的局面。在全球有VR人才的三大梯队中，代表性的美国、中国、英国等VR人才占比分别为40%、2%、9%。从人才需求来看，中国VR人才需求量已达到18%，居全球第二，仅次于美国。

　　有专家表示，预计2025年全球虚拟现实产业规模将达到1,820亿美元。未来，头显设备将从现在的小众产品发展为通用计算机平台，就像个人电脑一样，可以改变世界。

　　VR技术的应用范畴在扩大，产品日益丰富，形式多样，周边配备逐渐成熟，软件开发进程也在加快，硬件和软件的发展为职业教育带来更多的就业空间。

　　"虚拟现实技术人才缺口巨大。"据统计，美国VR人才约占全球40%，中国VR人才仅占2%，美国人才拥有量是我国的20倍。预计到2030年，我国VR、AR人才的岗位需求将达682万个。

　　故此，从市场发展和人才需求两方面来看，我国迫切需要快速发展虚拟现实技术，一方面缩小与欧美科技强国的差距；另一方面技术产业化可以为经济社会发展带来巨大红利，而技术的进步又依赖于人才的培养。

　　国家政策也在大力扶持虚拟现实技术行业，高校对虚拟现实技术的教育也越来越重视。2019年1月15日，教育部发布的《关于公布2019年高等职业教育专业设置备案和审批结果的通知》中提到，经各省级教育行政部门备案的非国家控制高职专业点有57,860个。通过高等职业学校招生专业设置备案的查询结果可以看出，2019年年底共有71所院校开设了"虚拟现实应用技术"专业，分布于全国20个省。

　　2020年新增获批虚拟现实技术本科专业的高校共有10所。

表1-2　教育部2020年新增虚拟现实本科专业表

学校名称	专业名校	学位授予门类
北京航空航天大学	虚拟现实技术	工学
河北工程技术学院	虚拟现实技术	工学
山西传媒学院	虚拟现实技术	工学
大连东软信息学院	虚拟现实技术	工学
哈尔滨信息工程学院	虚拟现实技术	工学
华东交通大学	虚拟现实技术	工学

续表

学校名称	专业名校	学位授予门类
江西财经大学	虚拟现实技术	工学
青岛农业大学海都学院	虚拟现实技术	工学
湖北理工学院	虚拟现实技术	工学
云南经济管理学院	虚拟现实技术	工学

"虚拟现实技术"专业主要培养掌握虚拟现实、增强现实技术相关专业理论知识，具备虚拟现实、增强现实项目交互功能设计与开发、三维模型与动画制作、软硬件平台设备搭建和调试等能力，从事虚拟现实、增强现实项目设计、开发、调试等工作的高素质技术技能人才。

专业毕业生主要面向从事虚拟现实、增强现实相关行业的企事业单位。在虚拟现实、增强现实技术应用岗位群，从事项目设计、项目交互功能开发、模型和动画制作、软硬件平台搭建和维护、全景拍摄和处理等工作。

教育部职业教育与成人教育司于2021年发布《关于职业教育示范性虚拟仿真实训基地培育项目名单的公示》，公示指出，根据《关于开展职业教育示范性虚拟仿真实训基地建设工作的通知》（教职成司函〔2020〕26号），经各省推荐、线上线下专家遴选等程序，拟确定职业教育示范性虚拟仿真实训基地培育项目215个。名单详见二维码。

职业教育示范性虚拟仿真实训基地培育项目名单

各高校从虚拟现实技术助力教学和虚拟现实技术人才培养两方面给出建设性意见。

虚拟现实技术对于助力传统教育有重要意义，信息技术为职教现代化带来革命性影响，VR技术运用于教育教学改革非常有必要。传统的教学模式，教师不能身临其境地为学生传授知识和实操演示，VR、AR技术能模拟生成逼真的虚拟环境，并进行实时交互，这些特性都能满足职校学生的特点和需求。利用现代技术提升教育教学质量，推进职业教育的改革发展。课程体系、教材讲义和实验室建设"三管齐下"，做到教学需求垂直化、全球化。

虚拟现实技术是高职院校高质量发展的需要，更是为新兴产业发展培养高素质技术技能人才的需要。深化虚拟现实技术在教学中的建立，专业建设、课程体系、实训基地建设都很重要。VR人才需求具有垂直化、专业化的特征，紧贴行业发展，培养复合应用型人才。

根据某专业机构发布的VR职位需求量相关数据来看，美国独占近半，中国则约占

18%，紧随其后。国内很多大型IT企业向VR人才抛出了橄榄枝。

虚拟现实行业虽然具有较长历史，但实际上仍属新兴产业，虚拟现实技术与产业的发展轨道还未完全定型。整个行业在经历了热炒、低谷后，已逐步成熟，业界投融资回归理性，整个行业踏上了稳健的发展道路。

虚拟现实技术可作为人类文明发展的下一个浪潮，接下来它将成为我们"现实生活"中有趣且实用的补充，并且会越来越走进"现实"。

❓ 课后思考题：

1. 什么是虚拟现实？
2. 虚拟现实主要应用于哪些领域？
3. 虚拟现实与网络的关系有哪些？

第二章

VR虚拟现实行业设备 ·······················

导读： 本章节主要介绍推动行业发展的相关硬件设备。

第一节　VR内容显示设备

　　虚拟现实的发展主要是从硬件、软件、内容三个方面展开的。其中，硬件的发展是非常重要的一个环节，虚拟现实技术的实质是构建一种人为的、能与之进行自由交互的虚拟环境。在这个环境中，人可以实时地探索或移动其中的对象。所以，体验者通过人机接口与计算机在虚拟环境中进行交互，从而获得与真实世界相同或相似的感知。

一、头显

　　虚拟现实井喷式发展以来，VR内容承载硬件品类繁多且不断迭代，性能不断完善。当前的头戴式VR内容显示设备产品众多、名称混乱，眼镜与头盔混称。其实VR眼镜就是VR头盔，其统一、科学的名称应是头戴式显示器，简称"头显"。

　　VR头显利用头戴式显示设备将人对外界的视觉、听觉封闭，引导用户产生一种身在虚拟环境中的感觉。其显示原理是左右眼屏幕分别显示左右眼的图像，人眼获取这种带有差异的信息后在脑海中产生立体感。

　　VR头显可分为三类：手机盒子头显、外接式头显、一体式头显。

（一）手机盒子头显

　　手机盒子头显（如图2-1）主要是由镜片、头带、塑料机身和前置板组成。当使用手机盒子头显查看内容时，需要一部手机配合使用。将手机中的VR内容点击播放后，放置在手机盒子头显内进行观看。手机盒子头显作为初代VR内容承载工具，现已被市场淘汰。

图2-1　手机盒子头显

(二)外接式头显

外接式头显(俗称PC VR，如图2-2、2-3)，用户体验最好，具备独立屏幕，一般要配备较高性能的台式电脑主机、定位器和手柄，可用于高交互性、高流畅度的VR游戏体验，产品结构复杂，技术含量较高，并且受数据线的束缚，使用者无法自由活动，且对空间的要求较高。

图2-2　外接式头显设备

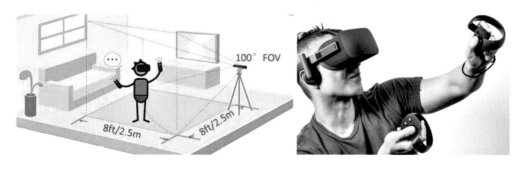

图2-3　外接式头显使用示例

（三）一体式头显

一体式头显（如图2-4）无须借助电脑主机和任何输入输出设备就可以在虚拟世界里感受3D立体感带来的视觉冲击。但受限于处理器性能，流畅度和体验远没有PC VR好，对VR游戏的交互性支持一般，常用于VR观影。由于成本较低、便携、没有数据线的束缚，一体式头显在个人及家庭市场中较受欢迎。

图2-4　一体式头显

二、3D眼镜

　　用户通过佩戴3D眼镜（如图2-5），双目能够分别看到左右图像，从而产生立体视觉。

　　3D眼镜具有和智能手机一样的功能，可以通过声音控制拍照、视频通话和辨明方向，还可以上网冲浪、处理文字信息和电子邮件等。

图2-5　3D眼镜

三、LED折屏显示

　　以计算机图形学为基础，把高分辨率的立体投影显示技术、多通道视景同步技术、三维计算机图形技术、音响技术、传感器技术等完美地融合在一起，从而产生一个被三维立体投影画面包围的供多人使用的完全沉浸式的虚拟环境，呈现出无缝、逼真的画面。体验者钻进一个由三面硬质背景投影墙所组成的像洞穴一样的虚拟演示环境中，可以在由投影墙包围的系统中近距离地接触虚拟三维物体，或是随意漫游，感受真实的虚拟环境。如图2-6。

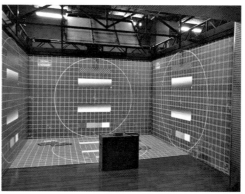

图2-6　LED折屏显示

第二节　VR内容显示辅助设备

图2-7　VR定位器

VR定位器

　　VR定位器(如图2-7)是用来进行定位精度、定位频率、跟踪范围的,辅助VR头显不间断正常使用。它可以解决在使用VR头显时出现的校准频率低、动作延迟高、感到眩晕,或者离开跟踪范围而导致的无法继续进行观看等问题。

　　现在市场上有很多用于辅助VR头显的定位器。

第三节　VR全景地面拍摄设备

一、一体机(全景)相机

　　一体机(全景)相机(以下简称"一体机"),是相机光轴在垂直航线方向上从一侧到另一侧扫描时呈现广角摄影的相机,可达到360度无死角拍摄。一体机往往内置多个方向的广角摄像头,有双目式的(内置两个摄像镜头),另外还有四目式、六目式等不同硬件配置的相机。这些摄像头通过同步拍摄和拼接,对接相应的合成算法,可以快速生成VR全景图片及视频。

(一)一体机(全景)相机类型

图2-8　小红屋S8

1.单目式

　　一个镜头、一个快门、一个开关、一个充电口,机身轻盈,方便携带。相机可以独立拍摄,同时也支持手机App操控,通过Wi-Fi连接相机便能轻松实现遥控拍摄的功能。镜头视场角185度,旋转拍摄单张后，机内换算拼接输出全景照片及视频。如图2-8。

2. 双目式

它的最大特点就是体积小。它的大小只有iPhone手机的一半左右，机身拥有前后两个镜头，所以被称为双目式。这两个镜头的可视角度都是210度，两个镜头拍摄可以自动合成360度全景照片及视频。如图2-9、2-10。

图2-9　Insta360 one X2　　　　　　　图2-10　看到Qoo Cam8K

3. 四目式

它的体积增大，机身拥有前后左右四个镜头，所以我们叫它四目式。通过四个镜头拍摄可以自动合成360度的全景照片及视频。如图2-11。

4. 六目式

它的体积偏大，需与专业三脚架配合使用，机身拥有六个镜头，所以我们叫它六目式。六个镜头拍摄可以自动合成360度的全景照片及视频。如图2-12。

图2-11　圆周率 Pilot Era

图2-12　Insta360 pro2

5. 其他多目一体机

图2-13所示所有类型，在使用时需要在手机上下载相对应的App用来连接一体机。一体机可以通过开启陀螺仪功能，转动手机就能够在App内随时查看不同方位的视角。

一体机多是以鱼眼广角镜头组合为主的。一体机的操作方便，幅宽大，但几何尺寸不严格，存在全景畸变、画面不清晰、色彩饱和度偏差、局部画面变焦、拼接错位等一系列问题。

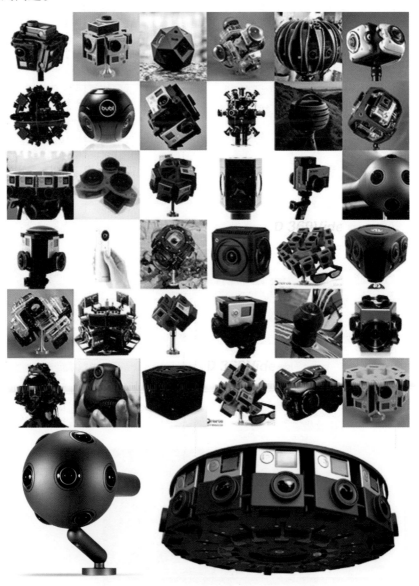

图2-13　其他多目一体机

(二)一体机(全景)相机市场应用分类

1. 民用级

使用者大多为VR发烧友和VR爱好者,机器可以拍摄5.6K—8K清晰度级别的VR影像和以传统影像方式制作的相关影像作品,多为短视频创作和自娱自乐VR的展示方式。如前图2-8、2-9、2-10所示一体机设备。

2. 专业级

使用者为专业从事VR的影视公司或者学校团体,机器可以拍摄8K清晰度级别的VR影像,目前为市场主流应用的设备。如前图2-11、2-12所示一体机设备和看到Obsidian系列设备(如图2-14)。

Obsidian Pro　　　Obsidian R　　　Obsidian S　　　Obsidian GO

图2-14　看到Obsidian系列

3. 广播级

应用在大型纪录片拍摄、大型晚会录制和电影拍摄中,拍摄影像达到11K—16K清晰度级别,机器中的各类参数可调性极大,镜头相关参数接近电影级别镜头,属于目前行业发展顶级专业性设备。如图2-15、2-16。

图2-15　Insta 360 TITAN　　　　　图2-16　看到Obsidian Pro

图2-17　圆周率Pilot Lock

4. 防水级

针对极限条件下使用的VR全景摄像机,具有防水等户外功能,适应于全天候VR户外直播、水下直播等特殊环境要求。

目前市场上的VR、AR智能眼镜品牌非常丰富,既包括谷歌、微软、索尼等全球性头部企业品牌,也包括三星、华为、小米、OPPO等头部手机品牌,而更多的则是如HTC VIVE、Oculus、Pico、影创、3Glasses、Nreal、Skyworth创维等专注于VR、AR智能眼镜市场的品牌。如图2-17。

二、单反相机

单反就是指单镜头反光,即SLR(single lens reflex),这是当今最流行的取景系统,大多数35mm照相机都采用这种取景器。在这种系统中,反光镜和棱镜的独到设计使得摄影者可以从取景器中直接观察到镜头的影像。因此,可以准确地看见胶片即将"看见"的相同影像。该系统的"心脏"是一块活动的反光镜,它呈45度角安放在胶片平面的前面。进入镜头的光线由反光镜向上反射到一块毛玻璃上。早期的SLR照相机必须以与腰齐平的方式把握照相机并俯视毛玻璃取景。毛玻璃上的影像虽然是正立的,但左右是颠倒的。为了校正这个缺陷,现在的眼平式SLR照相机在毛玻璃的上方安装了一个五棱镜。这种棱镜将光线多次反射改变光路,将影像送至目镜,这时影像就是上下正立且左右校正的了。取景时,进入照相机的大部分光线都被反光镜向上反射到五棱镜,几乎所有SLR照相机的快门都直接位于胶片的前面(由于这种快门位于胶片平面,因而称作焦平面快门);取景时,快门闭合,没有光线到达胶片。当按下快门按钮时,反光镜迅速向上翻起,让开光路,同时快门打开,于是光线到达胶片,完成拍摄。然后,大多数照相机中的反光镜会立即复位。如图2-18。

图2-18　单反相机

单反相机在VR全景图片拍摄中以阵列分区拍摄的方式进行,且在拍摄时要匹配相对应的广角(鱼眼)镜头(如图2-19)。

图2-19　鱼眼镜头

　　单反相机的主要特点是：成片清晰度高，可达到20K以上的清晰度，但操作过程相对复杂。

第四节　VR全景航拍拍摄设备

　　无人机（unmanned aerial vehicle或unmanned drone）是一个用于描述最新一代无人驾驶飞机的术语。多旋翼无人机凭借其优越的适应性，成为当前我国航拍的主要机型。如图2-20。

图2-20　无人机

　　无人机的主要特点是：无人机航拍影像具有高清晰、大比例尺、小面积、高现势性的优点，特别适合获取带状地区航拍影像（公路、铁路、河流、水库、海岸线等）；无人驾驶飞机为航拍摄影提供了操作方便、易于转场的遥感平台；起飞降落受场地限制较小，在操场、公路或其他较开阔的地面均可起降，其稳定性、安全性好，转场非常容易。

第五节　VR全景拍摄辅助设备

一、三脚架

图2-21　三脚架

　　三脚架（如图2-21）是用来稳定照相机的一种支撑架，从而达到某些摄影效果，三脚架的定位非常重要。三脚架按照材质分类，可以分为木质、高强塑料材质、合金材质、钢铁材质、火山石材质、碳纤维材质等。

　　人们在使用数码相机拍照的时候很忽视三脚架的重要性，实际上照片拍摄往往离不开三脚架的帮助，比如星轨拍摄、流水拍摄、夜景拍摄、微距拍摄等。无论是对于业余用户还是对于专业用户，三脚架都不可忽视，它的主要作用就是能稳定照相机，以达到某种摄影效果。最常见的就是在长时间曝光中使用三脚架：用户如果要拍摄夜景或者带运动轨迹的图片，需要更长的曝光时间，这个时候，要想相机不抖动，就需要三脚架的帮助。所以，选择三脚架的第一个要素就是稳定性。

二、全景云台

图2-22　全景云台

　　首先，全景云台（如图2-22）有一个水平转轴，安装在三脚架上，并可以对安装相机的支架部分进行水平360度的旋转。其次，全景云台的支架部分可以对相机前面进行移动，从而达到适应不同相机宽度的完美效果。全景云台是区别于普通相机云台的高端拍摄设备。称其为全景云台的主要原因，是此类云台都具备两大功能：

　　第一，可以调节相机节点在一个纵轴线上转动。

　　第二，可以让相机在水平面上进行水平转动拍摄，从而使相机拍摄节点在三维空间中的一个固定位置进行拍摄，以保证相机拍摄出来的图像可以使用全景拼接软件进行三维全景的拼合。

在拍摄过程中会用到不同的机器，因此便会用到不同的辅助工具以及不同的软件。例如GoPro Fusion一体机（如图2-23）会使用到配套软件App——GoPro（如图2-24）。GoPro Fusion是一款小型可携带固定式防水防震的全景VR相机，隶属于"GoPro"大家族，属于唯一一个可以拍摄全景VR图片和视频的机器。GoPro现已被冲浪、滑雪、极限自行车及跳伞等极限运动团体广泛运用，因而"GoPro"也几乎成为"极限运动专用相机"的代名词，它的特点就是小巧、方便、易携带。GoPro的创始人兼发明者是尼古拉斯·伍德曼（Nicholas Woodman）。

图2-23　GoPro Fusion一体机

图2-24　GoPro Fusion配套软件App——GoPro

三、移动VR拍摄车

移动VR拍摄车（如图2-25）小巧，携带方便；具有定速、匀速、自动行驶+遥控双控制模式，具备直线行驶，起步和停止运行平稳，超低速行驶可做延时拍摄；4小时以上的超长续航时间；车子低速无噪音；VR全景支架可调节高度；AI智能跟随，自动避障，App遥控操作或手势控制，定点环绕，平行跟随。

移动VR拍摄车是针对VR全景拍摄设计的，用于VR机器在拍摄或直播时可以保持画面稳定、完整、简洁的效果，也方便进行后期二次制作等。

图2-25　移动VR拍摄车

第六节　VR全景声录音设备

传统录音设备所录制的内容只能通过后期的环绕效果增加立体声的效果,但仅仅只是增强了左右耳的听觉感受,并没有从本质上还原全景声,无法与VR全景内容完美匹配,还原真实的声场关系。VR全景录音设备,能同时录制8个方向16个音轨,实现48kHz采样率、24bit专业无损数据采集。如图2-26。

图2-26　VR全景声录音设备

❓ 课后思考题:

　1. 虚拟现实主要从哪几个方面发展?

　2. 虚拟现实硬件主要有哪几类?分别有什么作用?

　3. 你对虚拟现实哪一类硬件设备最感兴趣,说说为什么。

第三章

VR全景图片拍摄及制作

导读： 本章节主要讲述VR全景图片拍摄、制作的相关步骤及注意事项。

第一节　VR全景图片概述

一、VR虚拟现实全景图片概述

　　"全景"一词出自希腊语，意思是全部的东西、可看见的视野，因此这个词的意思就是全视角。全景图可以运用各种不同的方法制作，包含从18世纪至19世纪中期的摄影全景到现代的基于计算机图像处理技术的数字全景。

　　我国传世画作《清明上河图》（如图3-1）是广为人知的经典全景图之一，这幅作品属于平面全景，图中的事物之间没有景深关系。

图3-1　传统全景图

　　全景（panorama），符合人的双眼正常有效视角（大约水平90度，垂直70度）或包括双眼余光视角（大约水平180度，垂直90度）以上乃至360度完整场景范围拍摄的照片，都叫全景。

　　人的视觉系统是一个高度精密的光学系统，双眼立体视觉的重要基础是空间深度感。达·芬奇在文艺复兴时期最早指出，相比于平面透视，采用曲面透视方法，图像视点不会出现扭曲，如图3-2所示。根据这一原理，影视制作人通过拍摄或渲染与曲面屏幕几何图形相匹配的透视影像，创造出一种沉浸式的视觉体验，模仿人们在现实世界中的视觉体验。曲面屏幕能够真实地再现现实世界中的视觉体验。现今技术发展阶段，最符合这种视觉特点的呈现形式是球幕，沉浸式内容正是利用了这一原理。

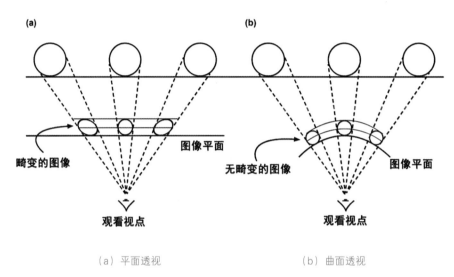

（a）平面透视　　　　　　　　　（b）曲面透视

图3-2　平面透视与曲面透视

　　我们这里所说的是VR全景。VR全景是一种基于图像绘制技术生成真实感图形的虚拟现实技术。它是通过相机环绕四周拍摄的一组或多组照片拼接成的全方位图像。扫一扫图3-3、3-4中的二维码可进入不同的场景查看VR全景。

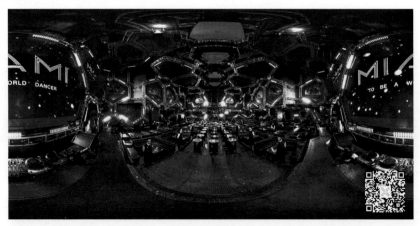

图3-3　VR全景平面展示图1

图3-4 VR全景平面展示图 2

二、VR虚拟现实全景的分类

对象全景：特指对单一物体进行各个角度的环绕拍摄，最终拼合而成的全景照片。一般用于商品物件展示。如图3-5。

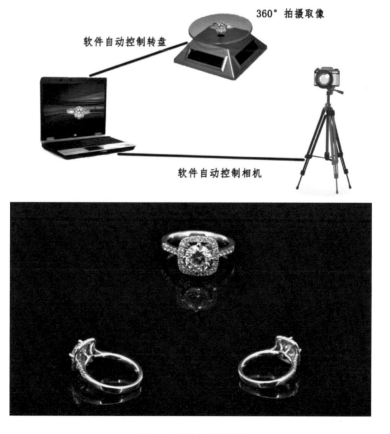

图3-5 对象全景示例图

柱形全景：通过相机做轴心运动拍摄而形成的照片。传统的光学摄影全景照片是把90度至360度的场景全部展现在一个二维平面上，将一个场景的前后左右一览无余地推到观众的眼前，但无法看到完整的天地。如图3-6。

图3-6　柱形全景示例图

球形全景：也就是所谓"完整"全景，它是在柱形全景的基础上将头部和脚底都完全展现在观众的眼前。扫一扫图3-7、3-8中的二维码可观看球形全景。

图3-7　球形全景示例图 1

图3-8　球形全景示例图 2

随着数字影像技术和互联网技术的不断发展,用户可以通过专用的平台或VR设备获得身临其境的感觉,可左可右,可近可远。

VR虚拟现实全景可应用于房屋销售,购房者在家中即可仔细检查房屋的各个方面,提高潜在客户的购买欲望;也可应用于旅游风景区,以优美的360度全景给游客以身临其境的感觉。

三、VR虚拟现实全景的特点

第一,全视角。视界范围覆盖四面八方、天上地下的全部内容。

第二,自主性。多主题摄影,整体呈现,自主审美。

第三,可交互。仿真3D环境,动态欣赏,自由操控。

第四,多延展。多媒体平台,强化展示,拓展容量。

第二节　VR全景图片单反拍摄数据及要求

全景图片拍摄用全景相机虽然方便,但受限于目前的技术,全景相机拍摄的全景影像还有很多欠缺,比如画面不清晰、色彩表现不好、局部画面变焦、拼接接缝明显等问题。

如果要拍出高画质的全景图片,可以选择用单反相机进行拍摄拼接。拍摄时需要用到装有鱼眼镜头的数码单反相机、全景云台、三脚架、无线遥控器、内存卡。

拍摄时需要按照固定的标准。单反拍摄全景以阵列分区拍摄的方式进行拍摄,以图像拼接的方式进行拼接合成。拍摄时,相邻图像之间会有30%以上的重叠区域。

表3-1　不同焦距的数码相机相关参数

等效焦距 (单位: mm)	全画幅视角 (单位: 度)	转动幅度	行数 (单位: 行)	列数 (单位: 列)	拍摄素材量 (单位: 张)
8	180	水平120度	1	3	3—5
15	110	水平60度,垂直45度—60度	2—3	6	9—20
18	100	水平60度,垂直45度—60度	2—3	6—7	14—20
24	85	水平45度,垂直30度—45度	3	8—9	27—35
30	70	水平30度,垂直30度	4—5	12	55—62
50	46	水平15度,垂直15度	6—8	24	80—120
100	25	水平10度,垂直10度	10以上	36	200以上

第三节　VR全景图片拍摄步骤

一、单反相机拍摄全景图片步骤

第一步，将云台组装起来，连接到三脚架上，并检查是否牢固。如图3-9。

图3-9　单反拍摄全景示范步骤1

第二步，调整好全景云台后，连接相机。节点与三脚架中轴处于同一条直线上。如图3-10。

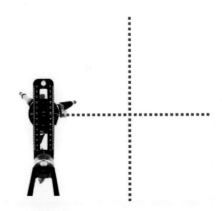

图3-10　单反拍摄全景示范步骤2

要保证补地时不会产生视差，拍摄时重心要处于三脚架的中轴上，整体稳定。在垂直补地时，若重心不稳，相机容易坠落。

第三步，节点选择（镜头的几何中心位置）。调整相机位置，将节点置于合适的位置上，保证各个角度拍摄的图像不会产生视差现象。如图3-11。

图3-11　单反拍摄全景示范步骤3

完成仰天、俯地、水平、补天、补地等内容拍摄。

二、全景一体机拍摄全景图片步骤

全景一体机拍摄照片相对简单，大多数只需要相机与手机相互配合，相机连接手机蓝牙，并在App内控制拍摄、实时浏览画面、实时校准、实时拼接，通过手机操控便可一键完成拍摄。全景一体机如图3-12。

图3-12　全景一体机

三、航拍拍摄全景图片步骤

无人机拍摄全景用的也是以阵列分区拍摄的方式，但与单反拍摄不完全相同，无人机拍摄是由无线图传遥控拍摄完成的。具体步骤是：

将无人机升至50米悬停。

将云台调到水平视角，开始拍照。

水平拍摄一圈（8张照片），每一张照片至少有20%的重合度。

将云台向下调整45度，拍摄一圈（8张照片），每一张照片至少有20%的重合度。

最后将云台调整垂直，拍摄一张地面照片。如图3-13、图3-14。扫一扫图3-14中的二维码，可观看航拍全景图片。

图3-13　航拍拍摄全景示范

图3-14　全景图片——江西省婺源县

目前无人机中的大疆系列，已经集成了全景拍摄操控软件，让航拍全景变得越来越简单，从而为更多行业应用。

第四节　VR全景图片拍摄注意事项

VR全景图片拍摄过程中会遇到各种因准备不足而导致的失误以及各种突发状况。那么，如何有效规避这些风险呢？

一、地面拍摄全景图片注意事项

（一）拍摄开始前

1. 资料准备

了解地理位置、基本情况、天气、建筑环境、生产环境等。

2. 器材准备

单反、全景相机、无人机及相关配件。

3. 拍摄对接

去现场前明确是否需要相关单位协助。如果需要，提前做好对接工作。

4. 实地勘景

到达目的地后，根据环境标注环境特色，记录问题区域。

5. 计划制订

明确项目拍摄目的、内容、方式、需求和工期等。

（二）拍摄进行中

1. 选点

（1）规避器材反光。架设机位时应注意设备四周有无反光面或反光材料。如果反光面过多无法完全躲避，拍摄者应尽量将设备架设在反光面的边框延伸线上，边框要保证不是反光材质。

（2）视野最大化。选择开阔地带，避免视觉死角，较高的遮挡物或建筑附近无满足条件的点位设置时，拍摄者要尽量将设备设在高点上，以保证视野范围。

（3）天气情况。提前查看天气情况，避免阴天、雾天、雨天及大风天，避免在过早的清晨、正午进行日景拍摄，避免在19点进行夜间拍摄（除特殊需求外）。

（4）拍摄内容选择。对于一个场景，首先考虑的是哪些内容需要表现出来，这个场景最主要的建筑主体是什么，哪些是必须拍的，哪些是可拍可不拍的；拍摄者需要记录拍摄主体详情、建筑附近有什么、它的景色名称及介绍性文字等相关信息。

2. 拍摄

（1）三脚架。拍摄者要注意三脚架高度的调整及其稳定性，避免视角偏高或偏低、设备摔倒等拍摄事故发生。拍摄者在拍摄时勿转动变焦环，要保证焦距一致，保证全景云台各旋钮锁死，以免相机晃动甚至摔落。

（2）相机参数。在调整相机参数时，拍摄者要观察拍摄周围情况，结合实际参数进行相应调整，避免发生曝光过度、曝光不足和偏色等问题。

（3）素材区分。在用设备拍摄时要做好每组素材之间的区分，以免发生漏拍缺景的拍摄事故。

（三）拍摄结束后

1. 检查素材

拍摄结束后，拍摄者要检查素材是否拍摄完整，避免出现后期素材不足又无法后补的拍摄事故。

2. 检查设备

结束所有拍摄事宜后，拍摄者要检查设备是否完善，设备电源是否关闭等。

3. 电量补充

拍摄完成后，设备电量要及时补充，以防止再次拍摄时出现电量不足的情况。

4. 储存卡清理

在将素材导出并且保存后，储存卡中的素材应尽快清理，防止再次拍摄时出现内存不足的情况。

二、航拍拍摄全景图片注意事项

（一）拍摄开始前

1. 场地考察

拍摄者在拍摄之前对拍摄场地进行考察，要注意远离禁飞区。国内多数城市都有禁飞区（比如机场附近、中心城区等）。拍摄者在景区拍摄时要提前了解景区状况，判断其是否适合拍摄，尽可能不要在水域面积较大的湖面、雪地或者海拔较高的山里飞行，因为大面积的水和雪、山区都会影响无人机的信号，无人机失控的可能性非常大。

2. 电量设置

设置电池电量提醒。根据设备本身情况合理设置提醒，在电池电量剩余25%左右时，或者遥控器发出警报时，要迅速返航。每次起飞之前，拍摄者要确保无人机电池以及遥控器都有足够的电量。长时间不使用无人机时，要定期给无人机充电。

3. GPS设置

飞行之前校正GPS。无人机机身带有GPS定位，拍摄者每次拍摄前要刷新导航点，检查螺旋桨是否正常。如果在高原上空气稀薄的地方进行飞行，要检查电池和螺旋桨是否适用。

（二）拍摄进行中

拍摄者要进行无人机高度选择。根据之前调查情况，无人机飞至一定高度要悬停。拍摄者在拍摄时要注意保持无人机的平稳。

（三）拍摄结束后

此处可参考地面拍摄注意事项。

第五节   VR全景图片后期制作

一、全景地面图片合成

VR全景图片制作
(地面拍摄篇)

以下内容适用于以阵列分区为拍摄方式的全景图片的后期教学。

(一) 图片导出合成

这里主要讲解如何用Kolor Autopano Giga来完成每组素材的初步合成。

Kolor Autopano Giga是一款功能超强的全景图片合成制作软件, 主要用于创造全景、虚拟旅游和Gigapixel图像, 在短时间内可以将多张图片缝合为一张360度视角的全景图片, 制造出类似3D图片的效果, 还可将其制作成Flash虚拟图片, 直接在互联网上和朋友分享。Kolor Autopano Giga软件在拥有Kolor Autopano Giga所有功能的同时, 还支持100多种文件格式的输入, 带有自动图片检索和色彩校正的功能, 其关键在于能通过点编辑器来控制和管理复杂的操作, 这款中文版软件能方便许多用户的使用。

这款软件的使用步骤如下:

打开软件Kolor Autopano Giga(如图3-15)。

图3-15   Kolor Autopano Giga 图标

点击软件界面中的"选取图像"(红色圈住的图标), 找到并且选中需要合成的图片(一组图片)。如图3-16。

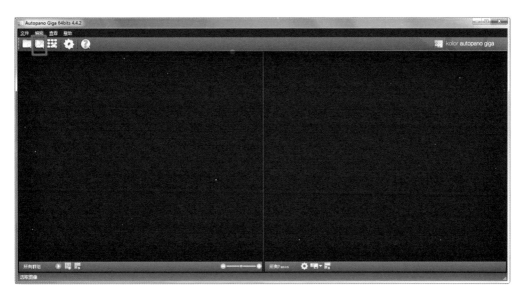

图3-16　全景图后期制作拼接步骤1

　　点击软件界面中的"检测"（红色圈住的图标），软件会自动检测合成全景图片。如图3-17。

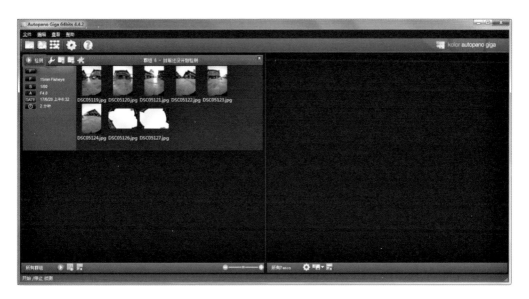

图3-17　全景图后期制作拼接步骤2

　　合成好的全景图片会在软件界面右侧呈现，双击合成好的全景图，放大全景图（红色圈住的区域）。如图3-18。

图3-18 全景图后期制作拼接步骤3

点击软件界面中红色圈住的按键，界面左边会出现变形数值框。如图3-19。

图3-19 全景图后期制作拼接步骤4

在软件界面的变形数值框的Roll内输入数值90点后，点击Transform，界面右侧图片会变成和图3-20（示范图）一样的角度。

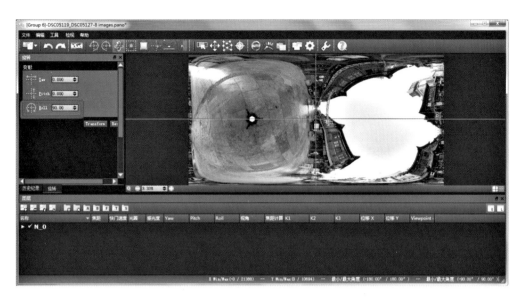

图3-20　全景图后期制作拼接步骤5

点击软件界面上的"渲染"按键，渲染输出旋转后的全景图。如图3-21。

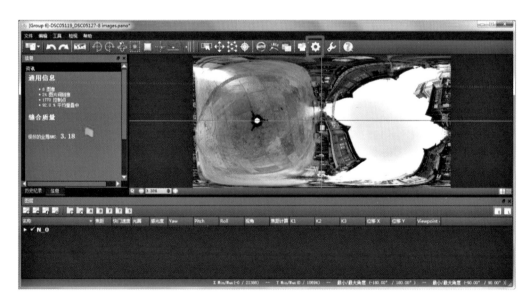

图3-21　全景图后期制作拼接步骤6

将按下渲染键后弹出对话框中的宽度改为12,000，高度会自动变更为6,000，用户在输出对话框内选择"保存路径"和"重新命名图片"后，点击"渲染"。如图3-22。

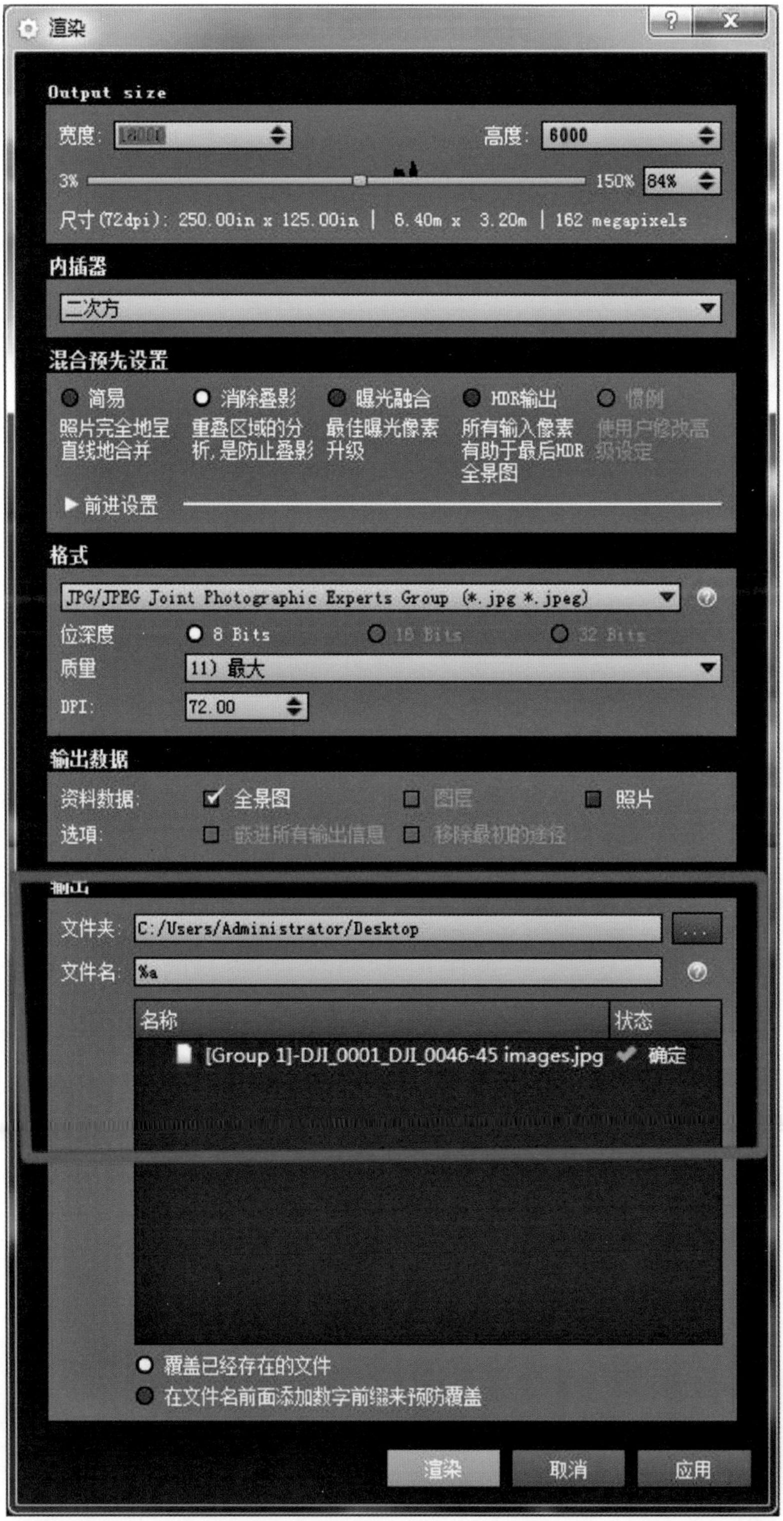

图3-22　全景图后期制作拼接步骤7

（二）图片整体修复

图片在拼接完毕后，会存在一些问题，比如亮度和对比度不完美、图片接缝处有明显色差和错位、真实场景的瑕疵使画面看起来不美观等。这就需要用户使用专业的修图工具来完善。俗话说细节决定成败，这就相当于演员上台之前要画一个完美的妆容一样，图片细节处理得好坏直接影响作品的质量和观看者的心情。修图软件有很多，这里主要讲解如何用Adobe Photoshop软件，将初步合成的图片中的脚架做修复处理。

Adobe Photoshop，简称"PS"，是由Adobe Systems开发和发行的图像处理软件。如图3-23。Photoshop主要处理以像素构成的数字图像。用户使用其众多的编修与绘图工具，可以有效地进行图片编辑工作。PS有很多功能，可用于图像、图形、文字、视频、出版等方面。

图3-23　PS图标

用户打开Adobe Photoshop软件，找到上一步用Kolor Autopano Giga里合成并保存的全景图片并打开。如图3-24。

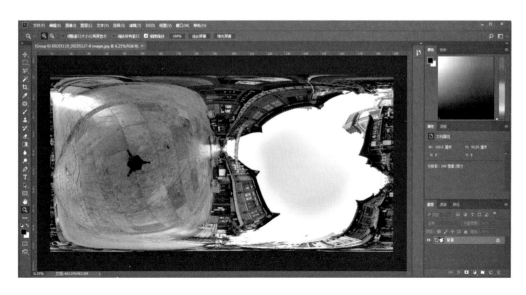

图3-24　全景图后期美工步骤1

　　在软件界面左侧工具栏找到"套索工具"（快捷键"L"），用套索工具将全景图中的脚架选中。如图3-25、图3-26。

图3-25　全景图后期美工步骤2

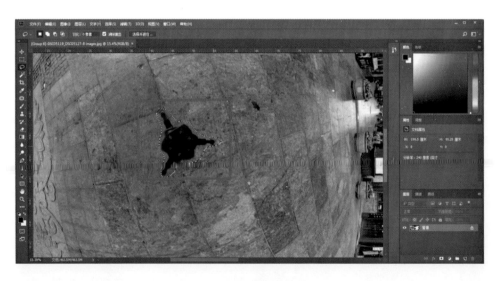

图3-26　全景图后期美工步骤3

在软件界面的上方菜单中找到"编辑"中的"填充"（快捷键Shift+F5）。如图3-27。

图3-27　全景图后期美工步骤4

点击填充后会出现对话框（如图3-28），内容选择（内容识别）"不透明度"（100%），点击"确定"，脚架消失，保存图片。

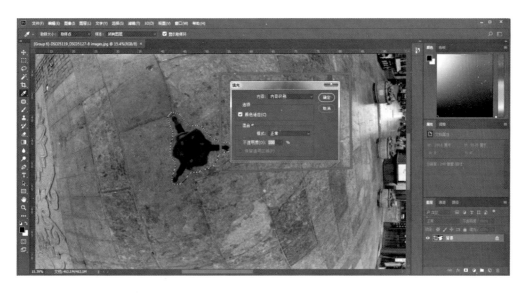

图3-28　全景图后期美工步骤5

（三）图片角度调整

这里主要讲解如何用PT Gui完成图片角度的最终选定。

　　PT Gui是一款拼接软件，用于将照片拼接成全景图像。如图3-29。PT Gui在 Windows系统和Mac系统中都可运行。

图3-29　PT Gui图标

　　打开PT Gui软件，点击"加载图像"，找到上一步已去掉脚架并保存的全景图。如图3-30。

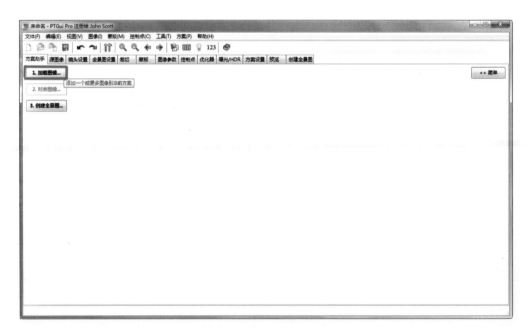

图3-30　全景图后期角度调整步骤1

在软件界面的上方菜单中找到工具中的"全景图编辑器"（快捷键Ctrl+E）。如图3-31。

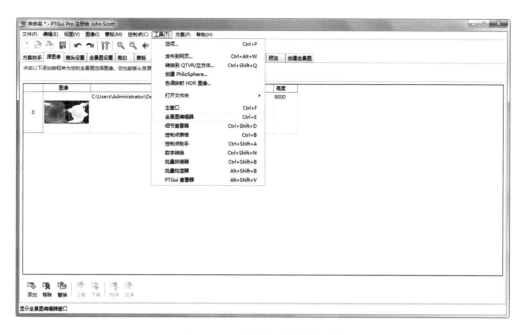

图3-31 全景图后期角度调整步骤2

点击后出现对话框。如图3-32。

图3-32 全景图后期角度调整步骤3

　　点击软件界面的球形图标，将界面中右侧和下方可移动按键向下、向右拖拽到最大。如图3-33。

图3-33　全景图后期角度调整步骤4

　　点击界面中的"123"，在弹出的对话框中"Z轴方向"填写数值"90"，点击"应用"。如图3-34。

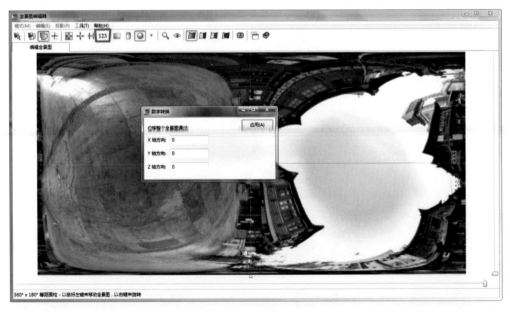

图3-34　全景图后期角度调整步骤5

全景图会旋转至与图3-35所示范的方向。若与图3-35所示不一致，便重复上一步，直到与图3-35方向一致为止。

图3-35　全景图后期角度调整步骤6

关闭全景图对话框，回到最初的对话框。如图3-36。

图3-36　全景图后期角度调整步骤7

选择创建全景图，宽度设置12,000、高度6,000。如图3-37。

图3-37　全景图后期角度调整步骤8

输出文件选择，选择保存文件地址。勾选"使用默认"，会替换掉原图片。

（四）图片颜色调整

这里主要讲解如何用Adobe Photoshop Lightroom，完成图片的最后一步——调色。

Adobe Photoshop Lightroom是Adobe研发的一款以后期制作为重点的图形工具软件，是当今数字拍摄工作流程中不可或缺的一部分。其完善的校正工具、强大的组织功能以及灵活的打印选项，可以帮助用户加快图片后期处理速度。如图3-38。

图3-38　Lr 图标

　　打开Adobe Photoshop Lightroom软件，打开上一步修改好并保存的全景图，先点击"修改照片"，软件界面右侧会出现调整页面，根据全景图的需求调整图片的明暗、色调、色温及饱和度等。如图3-39。

图3-39　全景图后期调色步骤1

　　调整好图片后，打开软件界面菜单"文件"中的"导出"（快捷键Ctrl+Shift+E），将图片导出。如图3-40。

图3-40　全景图后期调色步骤2

弹出对话框，若要导出到指定文件夹，需在导出位置中进行设置；若要默认，则直接保存在打开图片的位置。如图3-41。

图3-41　全景图后期调色步骤3

保存结束后，全景地面图制作的整个后期步骤便完成了。扫一扫图3-42中的二维码可观看成片。

图3-42　全景图后期制作成片示例

二、全景航拍图片合成

以下教学课程适用于航拍方式的全景图片后期教学。

（一）图片导出合成

这里主要讲解如何用Kolor Autopano Giga来完成每组素材的初步合成。

打开Kolor Autopano Giga软件。

点击软件界面中的选取图像（红色圈住的图标），找到并选中需要合成的航拍图片（一组图片）。如图3-43。

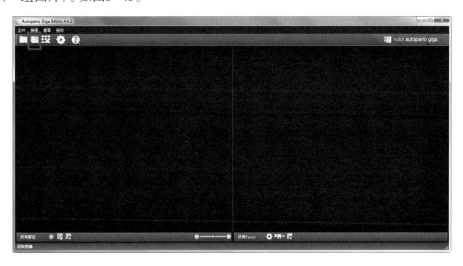

图3-43　航拍全景后期拼接步骤1

点击软件界面中的"检测"按键（红色圈住的图标），软件会自动检测合成全景图。如图3-44。

图3-44　航拍全景后期拼接步骤2

合成好的全景图片会在软件右侧呈现。双击，将全景图放大。如图3-45。

图3-45　航拍全景后期拼接步骤3

点击软件界面中的"渲染"按键（红色圈住的图标），渲染输出全景图。如图3-46。

图3-46　航拍全景后期拼接步骤4

将按下"渲染"键后弹出对话框中的宽度数值设置为16,000，高度为默认值。在对话框内选择保存路径和重新命名图片后，点击"渲染"，而后保存。如图3-47。

图3-47　航拍全景后期拼接步骤5

（二）合成图补天

这里主要讲解的是如何用Adobe Photoshop将初步合成的航拍全景图片中所缺失的天空予以修补。

打开PS软件。

打开已合成并保存的全景图片。如图3-48。

图3-48 航拍全景后期补天步骤1

点击软件界面工具栏中的"图像"→"画布大小"（红色圈住的图标），快捷键为Alt+Ctrl+C。如图3-49。

图3-49 航拍全景后期补天步骤2

在弹出画框内，调整画布数值。宽度数值不变，高度数值为宽度的1/2。全景图的比例为2∶1，航拍图在拍摄时因无法完全拍摄天空，所以需要在PS里调整图片的尺寸后，进后期补天。定位选择向下的箭头，点击"确定"。如图3-50。

图3-50　航拍全景后期补天步骤3

点击软件界面中的矩形选框工具（快捷键M），将图中补出的白色区域及一部分天空选中。如图3-51、图3-52。

图3-51　航拍全景后期补天步骤4

图3-52 航拍全景后期补天步骤5

打开天空素材，选择和图片相似的天空图片。如图3-53。

图3-53 航拍全景后期补天步骤6

将选好的天空素材放入原全景图中。调整大小及位置，并将天空图层放于全景图层下。如图3-54。

图3-54　航拍全景后期补天步骤7

点击软件界面中的橡皮擦工具,将全景图中保留下的天空擦除,直至与天空图层相融合。如图3-55。

图3-55　航拍全景后期补天步骤8

点击软件界面工具栏中的"文件",在下拉菜单中点击"保存",保存已做好的图片(图片格式为jpg)。

保存结束后,全景航拍图制作的后期步骤便完成了。扫一扫图3-56中的二维码,便可观看成片。

图3-56　航拍全景后期制作成片示例

三、后期平台上传

（一）平台介绍

全景平台是通过上传全景数据来实现全景展示的网站。

在全景行业，大多数是将制作好的全景成品上传至统一的全景平台来展示全景的，以方便管理和运营，目前市场上有很多这样的平台。

例如，720yun（https://720yun.com/）是由微想科技开发的全景平台；UTOVR（https://www.utovr.com/）是由上海优土视真文化传媒有限公司创建的全景平台；未来云（https://www.720n1.net/）是由南京先行未来云科技有限公司创建的全景平台。

全景平台展示可以提高宣传效率。目前传统行业主要的宣传方式大多还是图片和视频，随着技术的发展，传统图片和传统视频已经无法满足人们对产品真实信息的需求，而利用全景图片和全景视频则可以实现实物产品和环境的逼真化再现，给人以更直观和更真实的感受。

市面上网站的功能大致相同，可以嵌入网站、微信小程序、公众号和App等；可以独立地运营管理，功能齐全；可以根据行业的不同需求来定制。

以下以未来云（https://www.720n1.net/）全景平台为例，展开课程内容演示。

平台上传

（二）上传图片

打开网站https：//www.720n1.net/，注册会员后，点击会员名下拉菜单中"我的作品"。

进入"我的作品"，点击右侧"作品发布"，再点击界面中全景图下对话框中的加号，添加上传作品（可同时添加多个作品一起上传）。如图3-57。

图3-57 全景内容上传步骤1

上传完成后：

在作品名称里给作品起名。

在是否发布里选择"公开"。

在选择行业里选择"上传作品的行业"。

在作品标签里选择"航拍商业"等。

在作品地区里选择全景图所拍摄作品的省市。

上传一张作品的封面图，全部选择完成后点击"发布"。

（三）热点链接及内容添加

作品发布时会出现如图3-58所示的界面。菜单栏中的第三个热点主要是做全景图时所用的热点链接，其中分布为内嵌热点和基本热点。

我们用到的基本功能有：

场景漫游功能，主要是将每个场景相互链接。

超链接功能，主要是在场景中增加网址链接。

物品3D功能,主要是在场景中增加单个物位的环位链接。

图文信息功能,主要是在场景中增加图片、文字的链接。

音频语音功能,主要是在场景中增加音频链接。

视频影音功能,主要是在场景中增加视频链接。

图3-58　全景内容上传步骤2

幻灯片功能,主要是在场景中增加幻灯片链接。

场景标注功能,主要是在场景中增加文字标注。

以上功能都需要在前期准备好相应的素材,在场景中以图标的形式表现。如图3-59。

图3-59　全景内容上传步骤3

进行到这里全景图片上传便完成了。全景视频上传操作步骤与之大致相同。

第六节　民用级VR全景相机

经过2016—2020年在中国的快速发展与普及，VR全景越来越趋于平民化，市场上民用级的VR全景相机也层出不穷。我们介绍几款最常见的一体机。

一、Insta360 ONE系列

Insta360 ONE系列（如图3-60）多采用鱼眼镜头对场景进行全景图像采集，方便快捷，连接手机App可一键成像。

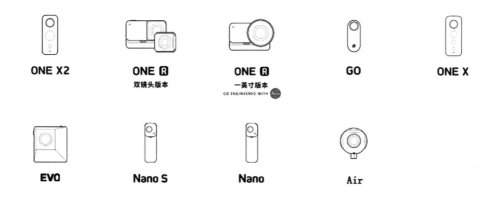

图3-60　Insta360 ONE系列全景相机

二、小红屋全景相机

小红屋全景相机（如图3-61）启动后自动旋转拍摄，一分钟可快速合成输出全景图片。

图3-61　小红屋全景相机

三、Xphase全景相机

Xphase全景相机（如图3-62）25颗摄像头同时拍摄，机内计算并快速合成输出16K全景图片。

图3-62　Xphase全景相机

民用级全景相机品质参差不齐，但有两个共同特点：一个是机身轻巧便携带，操作简单；另一个是需要连接对应的手机App来进行拍摄、合成、下载等事项。

❓ 课后思考题：

1. 什么是全景图片？最早的全景图是什么？VR虚拟现实全景有哪些类型？

2. 全景图片拍摄的步骤有哪些？如果拍摄不按照步骤会出现什么问题？

3. 拍摄全景图片需要注意哪些事项？如果出现漏拍图片的情况，后果会怎样？

4. VR全景相机和单反相机有何区别？什么样的场景更适合使用VR全景相机？

第四章

VR全景实景视频拍摄及制作

导读： 本章节主要讲述VR全景实景视频拍摄、制作的相关步骤及注意事项。

第一节　VR全景视频拍摄

一、VR全景视频概述

全景视频，顾名思义，即360度全景视频，它是在360度全景技术之上延伸而来的。它将静态的全景图片转化为动态的视频图像。全景视频可以在上下左右360度拍摄角度任意观看动态视频。全景视频通过视频、音频及特效系统，构建具备大视角、高画质、三维声全景视频特性，具备画面包围感和沉浸式声音主观感受特征的视听环境，观众能够在所处位置同时获得周围多方位的视听信息，体验到单一平面视频无法实现的高度沉浸感。其呈现形式包括但不限于球幕、环幕、沉浸屋全景视频、CAVE全景视频等异形显示空间，让观众有一种真正意义上身临其境的感觉。

全景视频源于特种电影领域。心理学研究表明，就虚拟场景而言，当全景视频观察者的余光被场景全部包围后，观察者会自然地产生一种身临其境的感觉。电影全景视频制作人利用人眼视觉这一特点，采用大尺寸屏幕以及播放处理设备的图形建构能力，将大视场视景显示在观众面前，从而能够使观众完全沉浸在虚拟场景之中。全景视频随着电影技术的不断创新，出现了3D全景视频电影、动感电影、特效电影、球幕电影等不同类型的电影形式，呈现形式也由单一的平幕发展成弧幕、环幕、球幕等。

在全景视频数字技术时代，电影与电视行业出现融合，全景视频得到进一步发展。随着超高清4K/8K全景视频技术的日趋成熟，以及三维声的推广应用，全景视频也进入了一个新阶段。相对于2K全景视频高清标准，超高清视频在高分辨率、高帧率、高色深、广色域、高动态范围上实现了突破：4K/8K高分辨率为观众提供了更为丰富的全景视频画面层次和更为精致的画面细节；高帧率技术能够提升影像的细腻度和流畅感；高色深、广色域提升了画面颜色的丰富程度；高动态范围技术的使用大大提高了画面的对比度，能更好地展现亮部和暗部的细节——技术标准的全面提升将革新全景视频观众的视听体验，呈现更加逼真的视听场景。在全景视频呈现方面，投影融合技术已趋于成熟，高分辨率、高亮度、广全景视频色域的工程投影机已大规模使用在球幕影院、展览展示、大型演出及光影秀中；各种形式的全景视频LED、自显屏也越来越多地应用到影院和游乐场所的环幕、球幕中。通过多媒体艺术、装置艺术、人机交互、VR、AR、MR等技术的融合，全景视频将实体空间营造成沉浸式场景，在游艺、消费领域的应用越来越广泛；同时，全景视频还应用于一些大型的虚拟仿真项目，如虚拟战场仿真、数字城市规划、三维全景视频地理信息系统等。

二、拍摄技巧

普通摄影机的成像方式和画面摄取无法覆盖水平与垂直360度全景范围，所以全景视频基本的拍摄制作采用多个相机、多个镜头，在同一时间、同一位置分别拍摄不同角度有部分重叠的画面，然后将采集到的多角度图像进行拼接以得到完整的360度全景画面。

全景视频拍摄在理论上可以采用各种相机+镜头的组合，但受光学原理、拍摄环境、相机体积以及多机同步等因素的限制。

一体化全景相机（以下简称"一体机"）一般由多个内置的超广角/鱼眼镜头组成，是目前沉浸式视频/VR/全景视频常用的拍摄设备，可视为全景拍摄系统中的集成化产品。

一体机的优点是系统整合度高，便于现场操作，易于后期制作及直播；机内各镜头和图像传感器的参数及帧同步等工作在机内完成；现场拍摄时只需全局配置拍摄参数；统一供电，统一I/O；体积较小，重量较轻，可配合各种轨道、吊索、无人机等进行拍摄；大部分一体化全景相机可以进行机内实时拼接、实时监看，可用于不要求极致画面质量的直播等场景；相机厂家一般会提供匹配相机参数的定制化软件，拼接效率较高。

（一）地面拍摄

使用一体机拍摄地面全景视频相对简单，只需要一体机与手机的蓝牙相连，在App内控制相机拍摄，实时浏览画面、实时校准、实时拼接，手机操控实现一键整体拍摄。

设置好拍摄设备的各项参数,调整好各项硬件。

全景视频选中拍摄主体后再进行拍摄。

(二)航拍拍摄

将一体机与飞行器相匹配的配件和飞行器连接,升空飞行完成全景视频的拍摄。在拍摄航拍全景视频过程中,需要平稳飞行,飞行器自身可以转弯和变速。通过HD-MI,用户可以使用图传监看实时画面。如图4-1。

图4-1 航拍全景视频示范图

三、拍摄注意事项

参考第三章第四节内容。

第二节 VR全景视频拼接合成

一、视频拼接

市场上的全景一体机种类繁多,所涉及的品牌也各不相同。我们选用目前市场上最为普及也是效果较好的一款机器——由Insta360公司推出的Insta360 Pro2。以下内容中涉及案例均是以Insta360 Pro2为例讲解的。

Insta360 Pro2具备全景2D与全景3D两种呈现方式，支持照片、视频、直播推流三种拍摄模式，照片与视频画质达到了8K级别。拍摄时，Insta360 Pro2支持HDR和RAW格式，能够进行实时/后期拼接，分辨率达到了8,192×4,096（8K）；进行快速出片时，分辨率最高支持4K级别。同时，Insta360 Pro2还提供高速录制模式，能够以100帧/秒的速率录制4K视频，在拍摄运动场景时较为实用。此外，Insta360 Pro2还支持延时拍摄，并具备运动防抖增稳功能。

Insta360 Pro2采用6个超广角鱼眼镜头，在拍摄时根据拍摄场景调整开启的镜头数量，用户能够选择性地启用3—6个镜头，以提升出片效率。Insta360 Pro2还可同时单独录制6个镜头分别采集的素材，以便满足更高需求的VR后期创作。

（一）Windows系统下将Insta360 Pro2相机内的素材导入电脑的方法

1. 使用USB Hub加SD读卡器导入

使用配套的SD卡读卡器与USB Hub，在SD卡和6张MicroSD卡全部插入Hub后，将USB Hub连接至电脑，直到电脑显示已挂载好这7张存储卡。如图4-2。

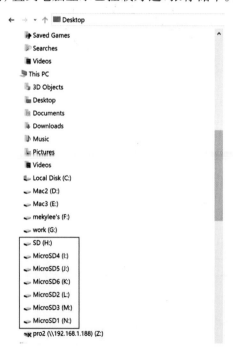

图4-2　Windows系统下使用USB Hub导入步骤1

　　打开Stitcher，点击"Pro2素材导入与管理"界面，点击USB Hub加SD卡读卡器的"导入"按钮，选择任意一张存储卡的根目录。如图4-3至图4-5。

图4-3　Windows系统下使用USB Hub导入步骤2

图4-4　Windows系统下使用USB Hub导入步骤3

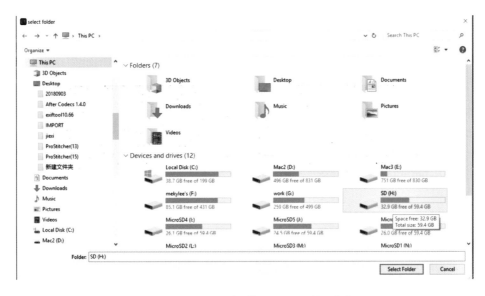

图4-5　Windows系统下使用USB Hub导入步骤4

加载所有存储卡中的内容，请耐心等待，直到所有存储卡中的素材加载完毕。

加载完毕后，点击下方的"导入素材到本地"按钮，即可将选中的所有素材导入电脑本地。如图4-6。

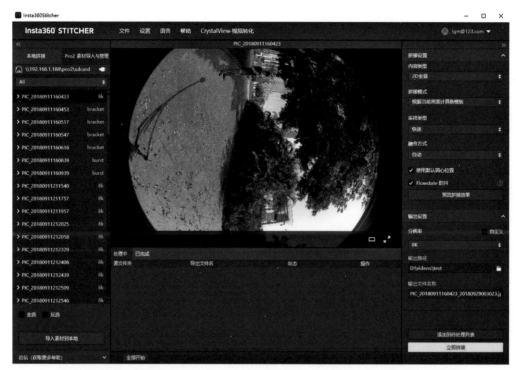

图4-6　Windows系统下使用USB Hub导入步骤5

2. 使用网线，将相机直连到电脑传输数据

操作相机的首页菜单，进入第五项读取存储设备模式，直到相机显示"Reading storage devices"状态。如图4-7。

如果进入此模式后提示"Loading failed"，请重启相机。

图4-7　Windows系统下使用网线导入步骤1

在文件管理器的地址栏输入"\\192.168.1.188\pro2\"目录，访问该目录，即可读取到相机当前所有存储设备下的内容。用户可将素材拷贝至同一目录，将同名的素材

文件夹进行合并。如图4-8。

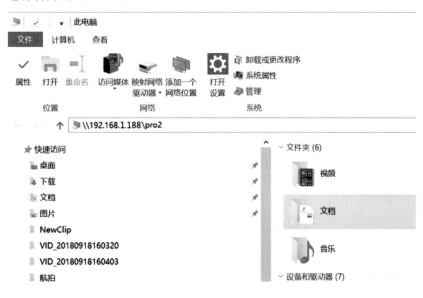

图4-8　Windows系统下使用网线导入步骤2

如果用户看到6张MicroSD卡和1张SD卡,则代表已经能成功访问相机的所有存储设备。用户可以选择手动将各个文件夹内的文件合并复制到电脑本地,也可以使用Stitcher的"一键导入"工具来导入。如图4-9。

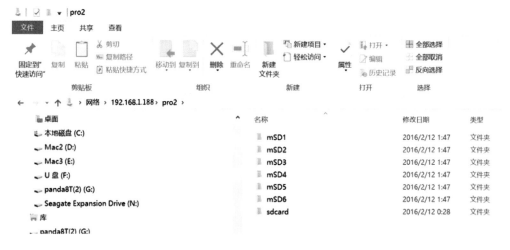

图4-9　Windows系统下使用网线导入步骤3

打开Stitcher,点击"Pro2素材导入与管理"界面,点击使用网线直连Pro2与电脑的"导入"按钮,在弹出的文件夹选择框的地址栏中输入并访问"\\192.168.1.188\pro2\"目录,选择该目录下任意一张存储卡的根目录。如图4-10全图4-12。

图4-10　Windows系统下使用网线导入步骤4

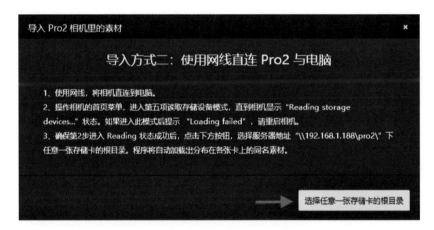

图4-11　Windows系统下使用网线导入步骤5

图4-12　Windows系统下使用网线导入步骤6

用户也可以事先将"\\192.168.1.188"这个服务器地址目录下的Pro2目录点击右键映射为网络驱动器，这样之后再选择时，就可以不必手动输入服务器地址，只要选择这个网络驱动器即可。如图4-13。

图4-13　Windows系统下使用网线导入步骤7

加载所有存储卡中的内容需要一些时间，请耐心等待，直到所有存储卡中的素材加载完毕。如图4-14。

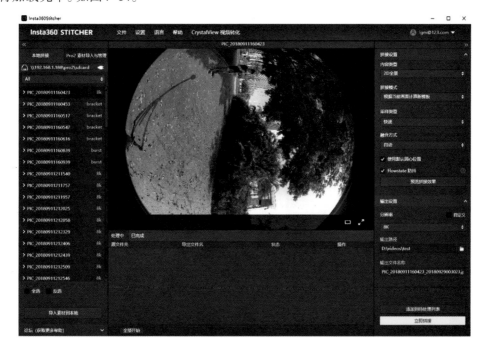

图4-14　Windows系统下使用网线导入步骤8

加载完毕后，点击下方的"导入素材到本地"按钮，即可将选中的所有素材导入电脑本地。

（二）Mac iOS系统下将Insta360 Pro2相机里的素材导入电脑的方法

1. 使用USB Hub加SD卡读卡器导入

使用配套的SD卡读卡器与USB Hub，在SD卡和6张MicroSD卡全部插入Hub后，将USB Hub连接至电脑，直到电脑显示已挂载好这7张存储卡。如图4-15。

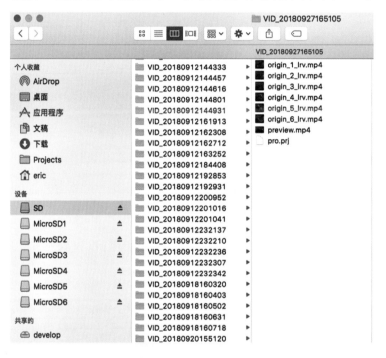

图4-15　Mac iOS系统下使用USB Hub导入步骤1

打开Stitcher，点击"Pro2素材导入与管理"界面，点击USB Hub加SD卡读卡器下的"导入"按钮，选择任意一张存储卡的根目录。如图4-16至图4-18。

图4-16　Mac iOS系统下使用USB Hub导入步骤2　　图4-17　Mac iOS系统下使用USB Hub导入步骤3

图4-18　Mac iOS系统下使用USB Hub导入步骤4

加载所有存储卡中的内容，直到所有存储卡中的素材加载完毕。

加载完毕后，点击下方的"导入素材到本地"按钮，即可将选中的所有素材导入电脑本地。如图4-19。

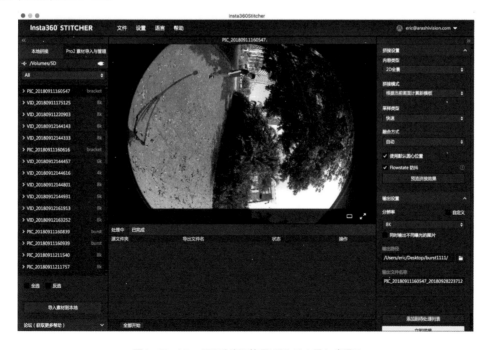

图4-19　Mac iOS系统下使用USB Hub导入步骤5

2. 使用网线，将相机直连到电脑传输数据

　　使用前请访问此网址： https://joshuawise.com/horndis，在Available versions 部分，根据当前Mac系统版本选择下载对应的HoRNDIS驱动软件，并进行安装。如图 4-20。

Available versions

- The latest version available is **9.2**: HoRNDIS-9.2.pkg (46919 bytes) (md5sum 8207800ef89dc1bb0cca530e4ef39009; GPG signature). Improves support for devices including Nokia 7 Plus. This release was developed by Mikhail Iakhiaev, who is the current maintainer of HoRNDIS. **This version only supports MacOS 10.11 and up.**
- Older versions:
  - **Release 9.1**: HoRNDIS-9.1.pkg (46924 bytes) (md5sum a444af529261f4f611986b268d7f9fb7; GPG signature). Improves support for devices including Galaxy S7 Edge and BeagleBone, and fixes some suspend- / resume-related bugs. This release was developed by Mikhail Iakhiaev, who is the current maintainer of HoRNDIS.
  - **Release 9.0**: HoRNDIS-9.0.pkg (42820 bytes) (md5sum 8d8e2bc421520b8a264c9962ef3dbbd3; GPG signature). Converts HoRNDIS core code to use more modern MacOS USB interfaces, for improved reliability on newer versions of MacOS. This release was developed by Mikhail Iakhiaev, who is the current maintainer of HoRNDIS.
  - **Release 8**: HoRNDIS-rel8.pkg (78985 bytes) (md5sum 8991552bd384a06b7ec775f7198f7bba; GPG signature). Adds support for OS X 10.11 (El Capitan) and 10.12 (Sierra). Thanks also to David Ryskalczyk for his help in wrestling Xcode. **This is the newest version that supports OS X 10.10.**
  - **Release 7**: HoRNDIS-rel7.pkg (116491 bytes) (md5sum 45a1a7457966b1dc79897af2864f68e4; GPG signature). Adds support for OS X 10.10 (Yosemite). Fixes issue where unsigned kext would not be installed (restoring support for OS X 10.6 - 10.8). Thanks also to David Ryskalczyk for his help in tracking down the issues with 10.10.
  - **Release 6**: HoRNDIS-rel6.pkg (116473 bytes) (md5sum fe3e5ae4c0a509b06cf11ef65b1715da; GPG signature). Adds support for multicast mode, enabling mDNS (thanks to Dan Yocom at Intel). Adds code signing support in Installer and for kext.
  - **Release 5**: HoRNDIS-rel5.pkg (60906 bytes) (md5sum 059164db5a76e5c0b57b9ef9acb65da5; GPG signature). Adds support for Mac OS X's Internet Connection Sharing, enabling BeagleBoard users to connect their boards to the Internet through their Macs.
  - **Release 4**: HoRNDIS-rel4.pkg (60519 bytes) (md5sum 8cf81024d8514d2a8654420fc7491b84; GPG signature). *Actually* fixes issue #5 and #9, adding support for Samsung Galaxy S II and HTC Desire S (thanks to Griskha). Improves compatibility with older versions of OS X (early 10.6).
  - **Release 3**: HoRNDIS-rel3.pkg (60488 bytes) (md5sum a46960e3cdb2a046e08af00c766b6ff9; GPG signature). Fixes issue #3 (reenabling installation on 32-bit machines). Adds potential fix for issue #5.
  - **Release 2**: HoRNDIS-rel2.pkg (60843 bytes) (md5sum 8b2c371e78ccfe3b07750fbe07f55bb5; GPG signature). Disables installation on 32-bit machines, and includes new device support.
  - **Release 1**: HoRNDIS-rel1.pkg (38681 bytes) (md5sum 4169c222448e2a2caaa067caf84189d3; GPG signature). Fixes issue #2.
  - **Release 0**: HoRNDIS-rel0.pkg (36807 bytes) (md5sum be4e879198d3b6e52af993b008198e8e; GPG signature). Initial release.

图4-20　Mac iOS系统下使用网线导入步骤1

　　操作相机的首页菜单，进入第五项读取存储设备模式，直到相机显示"Reading storage devices"状态。如图4-21。

　　如果进入此模式后提示"Loading failed"，请重启相机。

图4-21　Mac iOS系统下使用网线导入步骤2

　　打开Mac系统下的文件管理器Finder，点击"前往"，在下拉菜单中点击"连接服务器"。如图4-22。

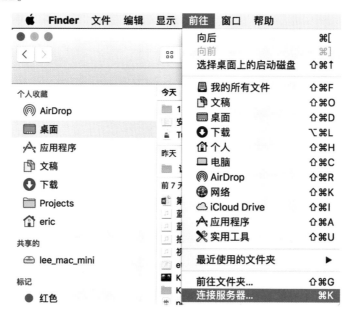

图4-22　Mac iOS系统下使用网线导入步骤3

　　在地址栏中输入"smb：//192.168.1.188"，点击"连接"。如图4-23。

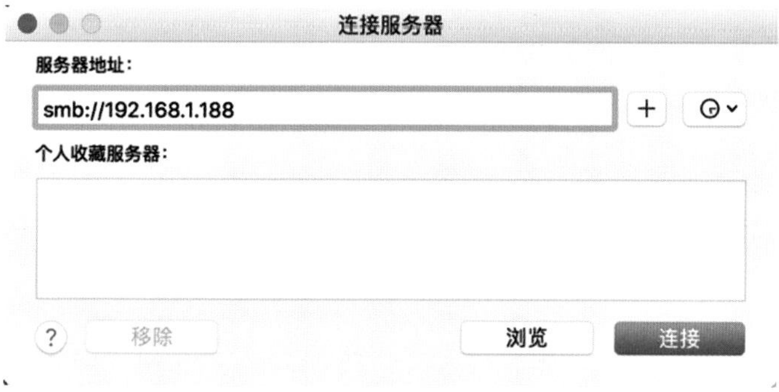

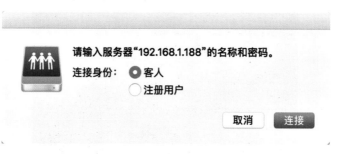

图4-23　Mac iOS系统下使用网线导入步骤4

　　在弹窗中选择"客人"，点击连接。如图4-24。

图4-24　Mac iOS系统下使用网线导入步骤5

在接下来的弹窗中选择"pro2"，点击"好"按钮。如图4-25。

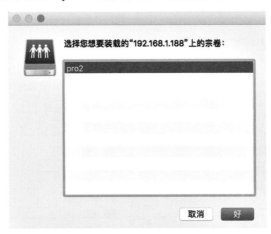

图4-25　Mac iOS系统下使用网线导入步骤6

如果用户看到6张MicroSD卡和1张SD卡，则代表已经能成功访问相机的所有存储设备。用户可以选择手动将各个文件夹内的文件合并复制到电脑本地，也可以使用Stitcher的"一键导入"工具来导入。如图4-26。

图4-26　Mac iOS系统下使用网线导入步骤7

打开Stitcher，点击"Pro2素材导入与管理"界面，点击使用网线直连Pro2与电脑下的"导入"按钮，选择"//192.168.1.188/pro21服务器目录下任意一张存储卡的根目录。如图4-27至图4-29。

图4-27　Mac iOS系统下使用网线导入步骤8

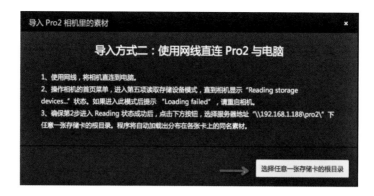

图4-28　Mac iOS系统下使用网线导入步骤9

图4-29　Mac iOS系统下使用网线导入步骤10

加载所有存储卡中的内容，直到所有存储卡中的素材加载完毕。

加载完毕后，点击列表下方的"导入素材到本地"按钮，即可将选中的所有素材导入电脑本地。如图4-30。

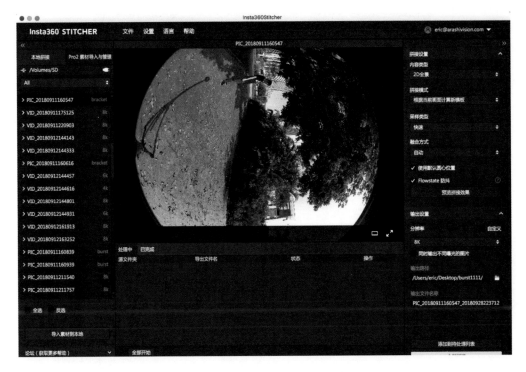

图4-30　Mac iOS系统下使用网线导入步骤11

请注意,在用户让相机进入读取存储卡模式,并且电脑已经能访问多张存储卡的目录后,用户可以直接拖动SD卡(非MicroSD)中的文件夹到Stitcher中使用,但是这种方式有赖于网络的稳定性与可靠性,因此强烈建议用户将内容保存到电脑本地之后再进行拼接或编辑。

另外,如果用户购买了官方的读卡器与Hub套餐,也可以考虑将7张存储卡拔出并插入读卡器和Hub连接至电脑,然后手动将同名文件夹合并复制到电脑中。

VR视频合成

二、视频合成导出

(一)认识视频文件的格式和存储形式

Pro 2拍摄的视频是以H.264编码、MP4格式来存储的。如图4-31。

图4-31　视频格式

　　每一次录像都会在SD卡中创建1个文件夹,除了6个低分辨率代理视频、preview.mp4预览视频之外,还包含工程文件(pro.prj)、一些必要的数据文件(gyro.mp4)以及视频文件。另外6张MicroSD卡中存储着对应镜头序号的6个高分辨率单镜头视频原片。

　　origin_*.mp4的序列是每个独立镜头拍摄的源文件,用于后期拼接。分辨率为3,840×2,160的文件可以拼接最高8K/2D的全景视频,分辨率为3,840×2,880的文件可以拼接最高8K/3D的全景视频。

　　preview.mp4是一个帧率为30fps的1,920×960的预览文件,可以快速确认拍摄内容的曝光、画面位置等效果(但该视频不具备防抖效果)。如图4-32。

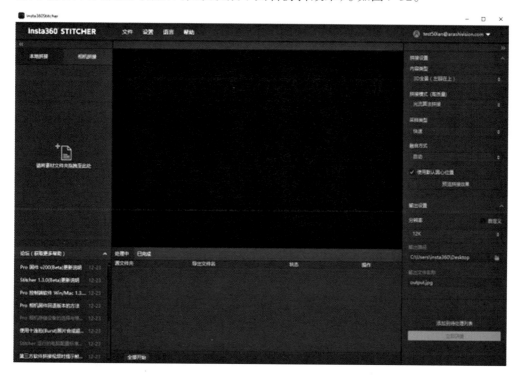

图4-32　软件打开界面

(二)Stitcher界面介绍

　　顶部为菜单栏,分别为:文件—设置—语言—帮助,提供了文件导入,上传至谷歌街景,显示log、偏好设置、硬件性能测试、语言设置、固件更新、上传日志等。

　　左边是文件列表,可以直接拖拽文件夹到此处导入文件(请参见本章节“视频拼接”内容,了解如何导入Pro 2相机里多张存储卡内容的方法)。

　　左下方为Pro的官方论坛,可以查看最新的软件信息、教程,以及技术交流,可以反馈给Insta360公司最新的建议和意见。

中间为实时监看窗口,可以播放任意一个镜头的文件。

下方为任务状态栏,可以看到正在进行拼接的进程,查看已经完成的任务。

右上方是拼接设置区域,可以设置拼接内容类型(2D全景和3D全景)、拼接模式(光流算法和模板拼接),采样类型与融合方式一般为默认设置即可。"默认圆心位置"用于优化顶部拼接和暗光条件下的拼接。

(三)硬件性能测试

由于视频拼接需要消耗大量电脑资源,用户在使用Stitcher进行拼接之前,建议先进行测速,在设置中打开"硬件性能测试"即可测速。测速需要一定的时间。如图4-33、图4-34。

图4-33 视频合成导出步骤1

图4-34 视频合成导出步骤2

测试结束后,会提供电脑参考的性能结果。如图4-35。

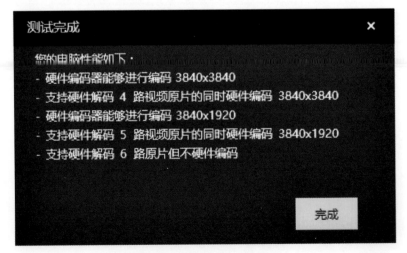
图4-35 视频合成导出步骤3

(四)拼接步骤

导入一个视频文件夹。如图4-36。

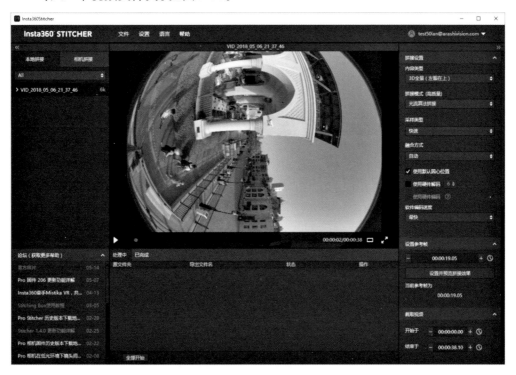

图4-36 视频合成导出步骤4

选择需要的内容类型,包括2D全景、3D全景(左眼在上)、3D全景(右眼在上)。如图4-37。

图4-37 视频合成导出步骤5

拼接模式可以选择光流算法拼接、新光流拼接算法和根据当前画面计算新模板。如图3-38。

光流算法拼接:基础的光流算法,拼接速度一般。

新光流拼接算法:在原有光流算法基础之上提升了近3倍的拼接速度,但少部分场景的拼接效果可能不如基础的光流算法,建议用户对使用此算法拼接的效果特别不满意时,可以尝试与基础的光流算法对比一下效果。

根据当前画面计算新模板:速度最快,但由于不是光流拼接,在有远近视差和近距离情况下效果有限。

图4-38   视频合成导出步骤6

采样类型,如果相机是静止的,则三种采样类型差别不大;如果相机在运动状态,则更慢速度的采样可以获得更好的画质,这在视频的拼接中经常使用。如图3-39。

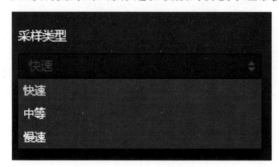

图4-39   视频合成导出步骤7

融合方式,一般选择"自动"。如图4-40。

Cuda:电脑如果使用了英伟达显卡,就能选择英伟达的Cuda技术来进行硬件加速。

OpenCL:电脑如果使用的不是英伟达的显卡,则可使用OpenCL进行硬件加速。

Cud:非硬件加速,纯Cud计算。

图4-40   视频合成导出步骤8

"使用默认圆心位置"选项对于一些顶部有遮挡物的场景、暗光下的场景有改善拼接的作用。

导出2D的全景图片,陀螺仪水平矫正可以使画面自动水平,但3D视频的拼接不支持陀螺仪水平校正。根据导出视频的分辨率和电脑性能,选择"使用硬件解码"和"使用硬件编码"。如图4-41。导出视频分辨率高于4K×4K或者在Mac上使用H265编码方式时,不支持硬件解码。

图4-41 视频合成导出步骤9

软件编码速度,选择越快的编码速度拼接得越快,但画质细节可能有所损失。比如一些静态的场景,快速的编码速度也能得到不错的画质,但运动的场景如果用快速的编码速度,画面细节就可能会出现一些马赛克。这需要用户根据内容场景、对拼接质量的需求以及对拼接速度的要求综合考虑后再做出选择。如图4-42。

注意:如果选了Cuda或者OpenCL硬件加速,就没有"软件编码速度"这个选项了,因为这时候用的是硬编。

图4-42 视频合成导出步骤10

在视频拼接中设置参考帧十分重要。参考帧指的是软件在拼接过程中以某一帧的画面计算拼接参数,并将其应用在整个拼接过程中。因此,参考帧要选择需要输出的时间区间中的某一帧,该帧处在物体运动的重要时刻,例如人物距离最近的时刻;或在所占比例较高的场景中设置其中一帧为关键帧,例如风景拍摄。如图4-43。

图4-43　视频合成导出步骤11

预览拼接效果时，可以改变参考帧，也可以调节画面水平、中心视角，进行简单的调色。如图4-44。顶部优化功能能够针对顶部有规则线条的场景进行优化，如天花板空调排风口。

注意：3D视频的拼接中没有调节画面水平和中心视角的功能。

图4-44　视频合成导出步骤12

选取需要导出的时间段时，为了节省时间和电脑资源，导出有效的片段更方便后期剪辑。如图4-45。

图4-45　视频合成导出步骤13

分辨率除了预设的分辨率外，还可以自定义。如图4-46。

图4-46　视频合成导出步骤14

设置好分辨率后，还需选择输出格式。如图4-47。

图4-47　视频合成导出步骤15

Stitcher支持H264和H265的编码。如图4-48。H265编码虽然有更好的画质和更低的存储空间，但很多VR播放器和剪辑软件的支持情况较差。尤其是在进行剪辑的时候，H265编码对硬件的要求更高。

图4-48　视频合成导出步骤16

渲染配置是H264编码时可选的一个配置参数。Baseline、Main、High三个标准的压缩率越高，对播放器的解码性能要求也越高。如图4-49。

图4-49　视频合成导出步骤17

一般来说，Stither根据分辨率设置，自动匹配预设的码率，4K/2D全景推荐60Mbps，4K/3D全景推荐120Mbps。如图4-50。

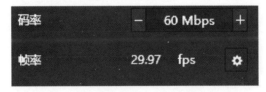

图4-50　视频合成导出步骤18

音频类型如果选择"全景声"，则视频中就会带有4个声音轨道；如果选择"普通音频"，则只有立体声轨道。如图4-51。

图4-51　视频合成导出步骤19

也可以选择单独导出音频文件。如图4-52。

图4-52　视频合成导出步骤20

输出路径和输出名称可以进行设置,设置完成后可以添加到待处理列表,也可以立即拼接。如图4-53。

图4-53 视频合成导出步骤21

拼接任务栏中可以查看拼接进度。在拼接过程中,还可以终止拼接。终止拼接时软件会自动保存已经拼接好的部分。如图4-54。

图4-54 视频合成导出步骤22

第三节 VR全景视频画面整修

一、地面拍摄擦除三脚架

三脚架,在拍摄过程中是一个必不可少的物件。这也就意味着无论怎么拍摄,三脚架都会被拍进去。如图4-55。

VR视频处理

图4-55　去除三脚架前的画面

在常规流程下，图4-56为直接擦除三脚架的画面效果。

图4-56　去除三脚架后的画面

乍一看，三脚架被修复了，好像没有什么问题。但是，修复后的画面在VR播放器中播放，我们会发现地面上有很多被扭曲拉伸的像素，包括一条黑色的接缝线。如图4-57。出现这个问题的原因是直接在2∶1展开图上进行修复，而像素并没有正确的全景信息。

图4-57 三脚架去除后的局部区域

要想获取理想的修复效果,可行的方法就是把三脚架放置于2:1展开图的画面正中,因为正中是全景画面比较接近正常视觉的地方,比如把画面调成图4-58一般。

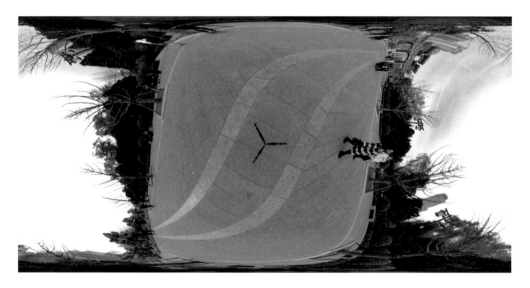

图4-58 去除三脚架步骤1

　　然后再擦除掉中间的三脚架。如图4-59。

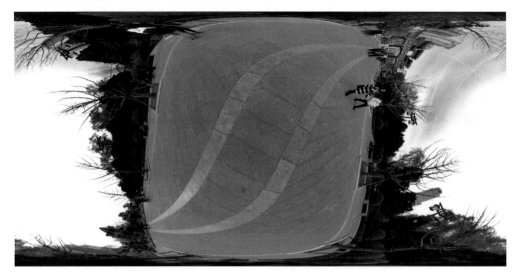

图4-59　去除三脚架步骤2

　　最后再偏移回正常的视角。如图4-60。

图4-60　去除三脚架步骤3

　　放置到VR播放器里面显示如图4-61，我们可以看到地面部分没有了明显的拉伸痕迹，这样的修复才算是理想的修复。

　　以上是理念部分，具体制作方法如下。要注意的一点是，这个方法只适合于固定机位VR拍摄。

图4-61 去除三脚架步骤4

以下我们使用Premiere Pro（软件）、GoPro VR Plugins（插件）、Photoshop（软件）来具体操作。

打开Premiere Pro，然后新建项目，创建一个2∶1的序列。

VR视频的画幅比例是2∶1才可以被完美地包裹成球形，所以需要自定义尺寸。本书中使用的素材是4K尺寸，像素为4,096×2,048。如图4-62。

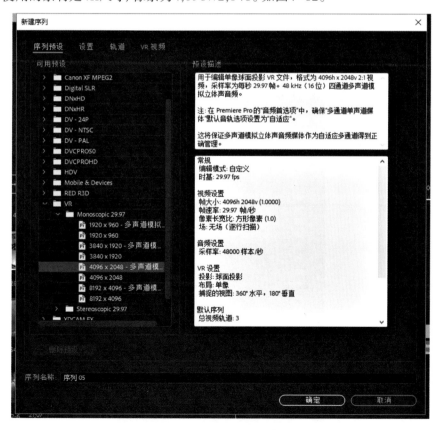

图4-62 固定机位三脚架去除步骤1

把拍摄好的全景素材导入Premiere Pro，拖拽到时间线上。如图4-63。

图4-63　固定机位三脚架去除步骤2

在"效果"里面找到安装好的GoPro VR Plugins插件，将Gopro VR Horizon拖拽到素材上。如图4-64。

图4-64　固定机位三脚架去除步骤3

调整参数，将三脚架调整到画面中间的位置上。如图4-65。

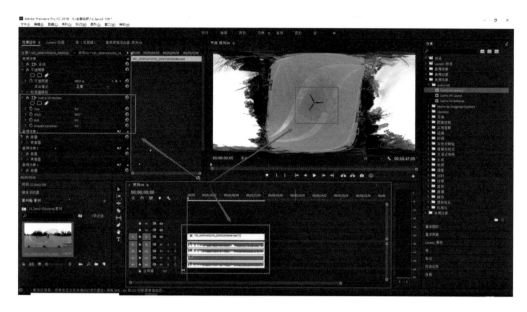

图4-65　固定机位三脚架去除步骤4

按快捷键Ctrl+Shift+E导出帧（截取其中一张画面），保存导出的画面，将之放置于Photoshop里，擦除三脚架。如图4-66。

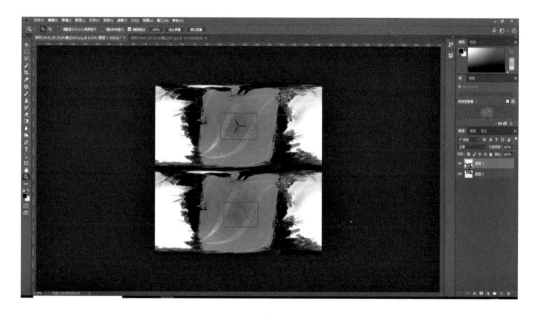

图4-66　固定机位三脚架去除步骤5

　　把修完三脚架的图片导入Premiere Pro里，将其拖拽到原视频所在的上一层轨道，把图片素材拉长至与视频素材等同。如图4-67。

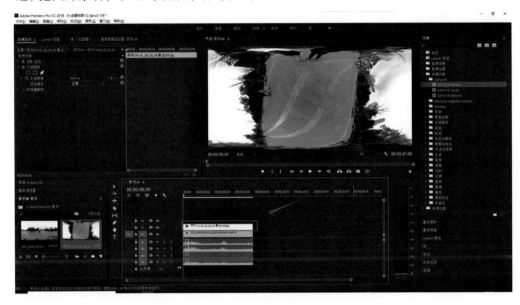

图4-67　固定机位三脚架去除步骤6

　　依次打开"效果"中的视频效果—变换—裁剪，裁剪图片，只留下有三脚架的那部分。如图4-68。

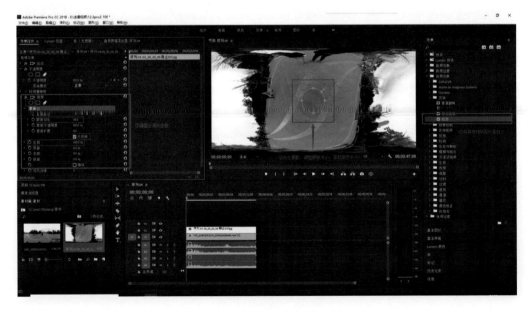

图4-68　固定机位三脚架去除步骤 7

将图片素材和视频素材同时选住，点击右键选择"嵌套"，完成后素材变为绿色。如图4-69。

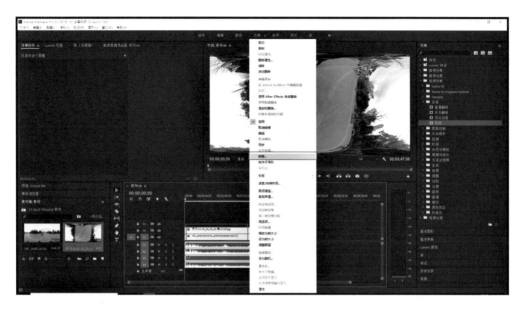

图4-69 固定机位三脚架去除步骤8

再次使用Gopro VR Horizon特效，调整参数，将画面旋转为原来的视角。如图4-70。

图4-70 固定机位三脚架去除步骤9

　　点击文件—导出—媒体，设置格式，文件保存到合适位置，导出即可。如图4-71。

图4-71　固定机位三脚架去除步骤10

一、颜色调整

　　观察素材是否是正确的色温、正确的曝光。如果视频是在晚上拍摄的，画面曝光是不可能正常的。用户调色的时候一定要注意，晚上正确的曝光看起来会很奇怪，所以一定要有逻辑地去调色。

　　Premiere Pro最新版本有一个很实用的调色效果插件——Lumetri，用户在窗口调出Lumetri颜色插件即可使用。如图4-72。

图4-72　后期调色步骤1

　　根据自己的审美调整数值，完成视频调色。如图4-73。

图4-73　后期调色步骤2

三、全景声的后期调频

　　打开Premiere CC 2018，新建序列，选择VR下带有Ambisonics选项的预设。右边的界面中有使用说明。如图4-74。

图4-74　全景声后期调频步骤1

　　用于编辑单像球面投影的VR文件，格式为3,840×1,920，视频比例为2∶1，采样率为29.97帧/48kHz（16位）的四通道多声道模拟立体声音频。注意：在Premiere Pro的"音频首选项"中，用户要确保将"多通道单声道媒体"默认音轨选项设置为"自适应"，这将保证多声道模拟立体声音频媒体作为自适应多通道而得到正确管理。

　　在首选项中的Audio中设置Adaptive。如图4-75。

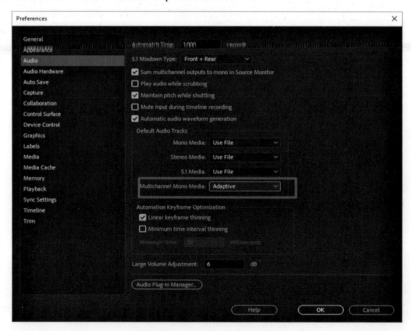

图4-75　全景声后期调频步骤2

　　注意：Insta360 Stitcher拼接导出文件的时候，用户可以选择带全景声导出WAV声音文件，这样全景声才能作为一个独立的声轨进入Premiere来应对Ambisonics效果编辑。分别导入视频文件和音频文件（H2N的Spatial audio文件或者Insta360 Stitcher导出的声音文件），进行同步，同步完成后再进行下一步。在剪辑过程中，所有的全景声应该在同一轨道，且全景声轨道不可以和其他类型声音共用。如图4-76。

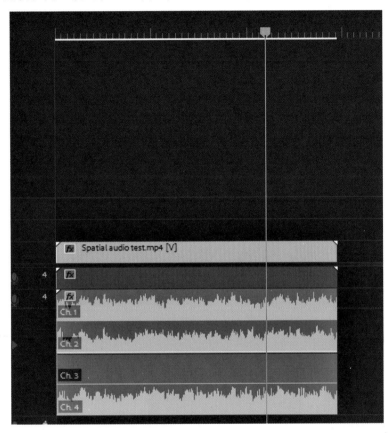

图4-76　全景声后期调频步骤3

打开音频轨道混合编辑器。如图4-77。

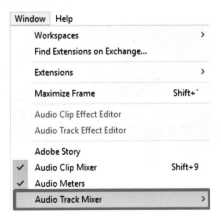

图4-77　全景声后期调频步骤4

　　打开Binauralizer-Ambisonics预览声音效果，确认声音的方位和视频画面的方位是匹配的。注意：导出视频的时候必须关闭预览声音效果。如图4-78。

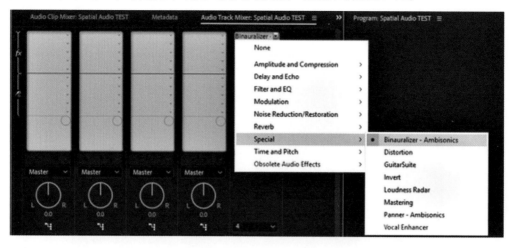

图4-78　全景声后期调频步骤5

　　旋转角度，预览视频，确认画面和声音是否匹配。如图4-79、图4-80。

图4-79　全景声后期调频步骤6

图4-80 全景声后期调频步骤7

如果遇到不匹配的情况，可以使用声音方向编辑效果Panner-Ambisonics，将效果添加到全景声轨道上。如图4-81。

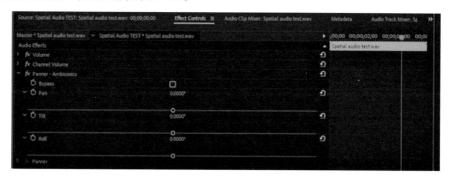

图4-81 全景声后期调频步骤8

打开声音效果，可以看到能够调节Pan（水平）、Tilt（垂直）、Roll（滚动）三个方向。调节匹配视频方向后，关闭Binauralizer-Ambisonics，就可以导出视频了。如图4-82。

图4-82 全景声后期调频步骤9

使用快捷键Ctrl+M进行导出。在导出界面中设置预设为"符合视频项目"，并在这里选择全景的VR Monoscopic Match Source Ambisonics。如图4-83。

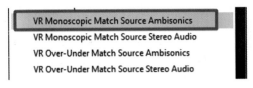

图4-83　全景声后期调频步骤10

检查其他设置是否和序列设置一致：H264编码。如图4-84。

图4-84　全景声后期调频步骤11

选择符合分辨率的码率，4K视频建议40Mbps以上；确认勾选Video is VR，选择Monoscopic。如图4-85。

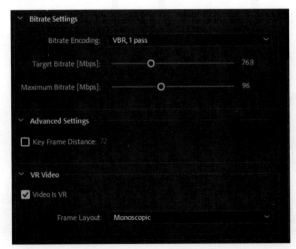

图4-85　全景声后期调频步骤12

在Audio Format Settings中确认AAC格式, Sample Rate为48,000Hz, Channels为4.0, Bitrate Settings为512kpbs, 勾选Audio is Ambisonics, 这些设置都是符合标准要求的。如图4-86。

图4-86　全景声后期调频步骤13

第四节　VR全景视频剪辑

Adobe Premiere是一款专业的视频剪辑软件。

打开Adobe Premiere, 新建项目。如图4-87。

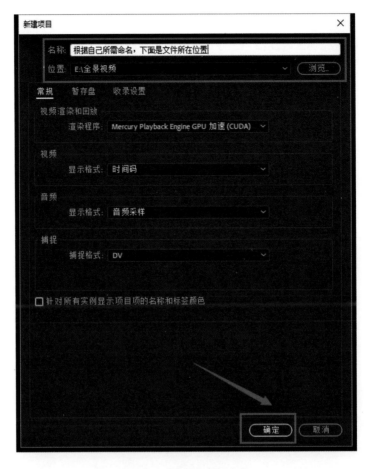

图4-87　全景视频剪辑步骤1

打开之后大致分为四个区域。如图4-88。

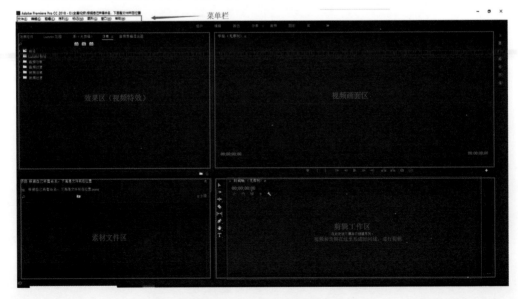

图4-88　全景视频剪辑步骤2

将一些视频、图片或者音频素材拖拽进Adobe Premiere，或者双击导入视频文件。如图4-89。

图4-89 全景视频剪辑步骤3

将视频素材拖拽到时间线上。如图4-90、图4-91。

图4-90 全景视频剪辑步骤4

图4-91 全景视频剪辑步骤5

利用剃刀工具剪切不需要的视频，此时用户可以清晰地看见视频被分为两段。如图4-92。

图4-92 全景视频剪辑步骤6

用选择工具选取要删掉的视频，点击Delete键进行删除。如图4-93。

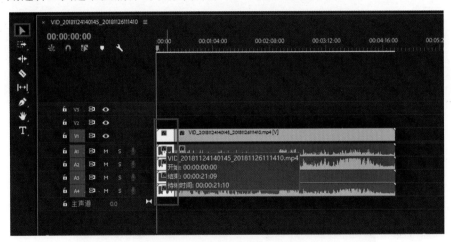

图4-93 全景视频剪辑步骤7

点右键选择"速度/持续时间"，可以对视频素材进行缩放。如图4-94。

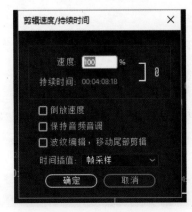

图4-94 全景视频剪辑步骤8

对视频增加一些特效。如图4-95。

图4-95　全景视频剪辑步骤9

点击文字工具添加字幕。如图4-96。

图4-96　全景视频剪辑步骤10

Adobe Premiere的常用快捷键有：

Ctrl+Shift+V：粘贴、插入。

Ctrl+Alt+N：新建项目。

Ctrl+Shift+K：所有轨道剪切。

Ctrl+T：新建字幕。

Ctrl+L：导入素材。

Ctrl+M：导出媒体。

第五节　VR全景视频播放应用

一、全景播放器介绍

Insta360 Player具有分辨率限制，只能播放4K以下H264编码的普通全景视频，所以如果将全景视频导出为其他格式，则需要使用其他播放器进行播放，目前桌面播放器GoPro VR Player（如图4-97）和PotPlayer（如图4-98）对于全景视频的支持度较好。GoPro VR Player支持iOS系统和Windows系统。

图4-97 GoPro VR Player播放器界面

图4-98 PotPlayer播放器界面

UtoVR播放器（如图4-99）可以极速播放4K高清VR视频，跨平台支持RTMP、HLS（m3u8）等常见的视频流媒体协议，包括点播与直播，支持多种宽高比例的VR视频播放，可灵活实现VR视频的播放交互和控制。如图4-100。

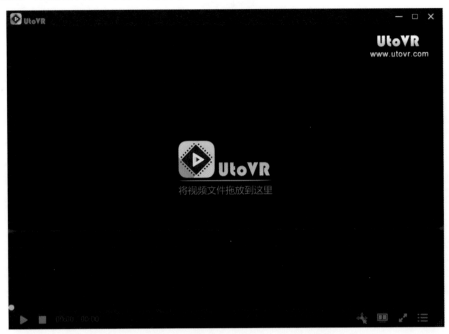

图4-99　UtoVR播放器界面1

图4-100　UtoVR播放器界面2

二、全景视频载体应用

（一）Insta360 Player播放视频

Insta360 Player支持播放Insta360全景相机产生的内容，并支持画面比例为2∶1的标准全景视频和图片的播放，支持各个平台。

这里以Windows v2.3.6版本为例。

Insta360 Player桌面版本支持播放insp、insv、mp4、jpg格式的照片和视频，视频目前仅支持2∶1比例、4K以下的普通全景视频，不支持3D视频。如图4-101。

图4-101　Insta360 Player播放器界面1

导入一个4K全景视频。可以通过拖拽鼠标观看全景图，右上角是预览小窗口。如图4-102。

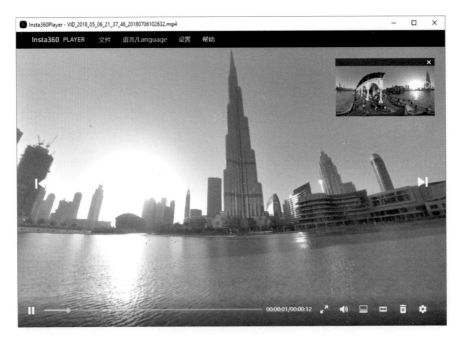

图4-102　Insta360 Player播放器界面2

播放模式可以选择小行星、透视、水晶球、平铺、默认（鱼眼）。如图4-103。

图4-103　Insta360 Player播放器界面3

播放设置中可以设置观看方式和内容类型。如图4-104。

图4-104　Insta360 Player播放器界面4

在导航菜单栏的文件中，用户可以选择播放流媒体，流媒体支持观看全景直播。如图4-105。

图4-105　Insta360 Player播放器界面5

（二）CrystalView 全景播放器转化视频

目前手机可播放的视频分辨率最大是4K，而CrystalView播放器是Insta360推出的全新播放技术，可以在手机上播放高达8K分辨率的全景视频。用户需要把已经拼接好的成片通过Stitcher转化成特殊的CyrstalView全景视频格式，然后再导入支持CrystalView技术的播放器中，即可观看超高分辨率的超清全景视频。

用户打开Stitcher（暂时仅支持Windows版本1.8.0及以上），点击打开顶部栏的"CrystalView Video"（视频转化）功能，点击右上角的Import（导入）按钮，选择要转化的视频。该播放器目前仅支持H264编码方式的mp4、mov视频，并且分辨率须达到5,760×2,880（6K）及以上。如图4-106。

图4-106　CrystalView播放器界面1

　　导入的每个视频会出现在任务列表中。转化开始之前，用户可以点击设置任务信息里的导出目录、内容类型（指定原片是3D的还是2D的）等项目；设置好这些信息之后，点击下方的Convert（转化）按钮，等待视频转化的结束。

　　将转化成功的视频导入支持CrystalView技术的播放器中。支持的播放器有Android、iOS、Gear VR以及Oculus Go平台上的Insta360 Moment播放器。

图4-107　CrystalView播放器界面2

（三）播放器导入内容的方法

1. Android Insta360 Moment播放器

　　目前推荐使用达到骁龙835、Exynos8895、麒麟970或更高性能的CPU的Android（安卓）设备来运行此播放器（小米6/Mix2及更高机型、三星S8及更高机型、华为mate10/P20及更高机型）。

　　使用Android Transfer等工具，连接用户的Android手机与电脑，将电脑上转化好的vrb文件导入Android手机目录里的Insta360 Moment目录下。

重新打开Insta360 Moment应用，刷新内容列表，点击新添加的内容进行播放。

2. iOS Insta360 Moment播放器

目前推荐使用A11及以上处理器的iOS设备来运行此播放器（iPhone8及更高机型）。

打开电脑端的iTunes软件，连接电脑与用户的iOS设备。

在iTunes界面选择进入用户的iOS设备，在"文件共享"目录下，找到Insta360 Moment下的IMPORT文件夹。

在电脑上新建一个名为"IMPORT"的文件夹，并将转化好的vrb文件拷贝到这个目录下。

复制添加了新内容的IMPORT文件夹到用户iTunes的设备文件共享目录下的Insta360 Moment/IMPORT中，进行文件夹替换。已添加过的内容可以不再重复添加。

重新打开Insta360 Moment应用，刷新内容列表，点击新添加的内容进行播放。

3. GearVR Insta360 Moment播放器

目前推荐使用达到骁龙835、Exynos8895或更高性能的CPU的三星手机来运行此应用（三星S8及更高机型）。

在三星手机上安装好Oculus Home，并在应用商店中下载Insta360 Moment应用，点击打开运行一次。

使用Android Transfer等工具，连接用户的三星手机与电脑，将电脑上转化好的vrb文件导入三星手机目录里的Insta360 Moment目录下。

点击打开Oculus Home中的Insta360 Moment应用，根据提示插入三星手机，安装到GearVR中观看。

4. Oculus Go Insta360 Moment播放器

在Oculus Go上的资源库中，搜寻Insta360 Moment，点击打开运行一次。

使用Android Transfer等工具，连接用户的Oculus Go与电脑，将电脑上转化好的vrb文件导入Oculus Go目录里的Insta360 Moment目录下。

打开Oculus Go中的Insta360 Moment，刷新列表，点击新添加的内容进行观看。

表4-1为兼容机型列表。

表4-1　兼容机型列表：

平台	支持的CPU型号（持续更新）	手机型号（持续更新）
Samsung GearVR	骁龙845	Galaxy S9/S9+ Galaxy Note 9
	骁龙835	Galaxy S8/S8+
	Exynos 8895	Galaxy S9/S9+ Galaxy Note 8
	采用Exynos 9810的Galaxy S9/S9+、Galaxy Note 9因为CPU并非采用标准架构，所以没法发挥稳定的性能去播放8K视频，使用时会产生卡顿、碎片等情况，不建议使用	
iOS	A11	iPhone X iPhone 8 iPhone 8 Plus
	A12	iPhone XS iPhone XS Max iPhone XR
Android	骁龙845	Galaxy S9/S9+/Note 9 Xiaomi 8 Xiaomi MIX 25 OnePlus 6 OPPO Find X Google Pixel 3/Pixel 3 XL
	骁龙835	Galaxy S8/S8+/Note 8 Xiaomi 6 Xiaomi MIX 2 OnePlus 5/5T Google Pixel 2/Pixel 2 XL
	Exynos 8895	Galaxy S8/S8+ Galaxy Note 8
	采用Exynos 9810的Galaxy S9/S9+、Galaxy Note 9因为CPU并非采用标准架构，所以没法发挥稳定的性能去播放8K视频，使用时会产生卡顿、碎片等情况，不建议用于播放8K视频，但可用于播放6K视频	
	Kirin 970	华为Mate 10 Mate 10 Pro Mate 10 保时捷设计 荣耀V10 华为P20 荣耀10 荣耀Note 10
	Kirin 980	华为Mate 20 Mate 20 Pro 荣耀Magic 2
Oculus Go	采用骁龙821的Oculus Go并不具有稳定的性能播放8K视频，使用时会因为发热越来越严重而产生卡顿、碎片等情况，不建议用于播放8K视频，但可用于播放6K视频	

三、其他VR全景视频播放平台

（一）蓝光VR大师

系统：Android/iOS。

亮点：VR雷达、蓝光传屏、VR视频内容丰富。

蓝光VR大师是一款提供3D电影、全景视频、VR视频播放、VR游戏下载的VR资源聚合平台。蓝光VR大师不仅更新快，兼容性也极佳，支持市面上大部分的VR盒子眼镜。在VR内容领域，蓝光VR大师不仅有CJ、漫展等二次元高清视频，而且有奥运会的实时全景视频和众多高清无码的欧美大片资源；不仅具有分享雷达功能，而且支持用户导入视频文件，让用户分享和搜索VR资源，形成一个VR交流平台。

（二）3D播播

系统：Android/iOS。

亮点：多平台支持、VR视频丰富。

3D播播系统是一个综合性平台，不但有海量的3D影视动画、360度全景视频、VR电影首播、3D游戏、VR游戏等在线高清内容，而且还支持手机本地2D/3D/360度全景视频播放，同时还支持用户分享VR视频内容。

3D播播系统本身的VR资源也相当丰富，用户可以在里面找到很多3D视频、电影、动画、音乐，让VR眼镜不再是摆设。3D播播系统有别于其他App的是，它除了支持市面上主流的手机盒子外，还兼容智能电视、小米电视、小米盒子、天猫魔盒等智能设备。

（三）UtoVR

官网：https：//www.utovr.com。

支持平台：Windows、Mac、Android。

UtoVR是国内最专业的VR平台，提供高清VR片源下载、在线浏览VR内容，并提供VR拍摄、VR拼合、VR制作、VR解决方案等。

（四）VR Player

官网：http：//www.vrplayer.com。

支持平台：Android、Windows。

VR Player的免费版功能已经相当不错了，支持2D/3D/360度全景图片和视频，支持sbs/上下格式3D，可以播放本地视频及在线URL，支持srt字幕。

❓ 课后思考题：

1. 什么是VR全景视频？VR全景视频拍摄需要什么条件？

2. 如何拼接全景视频？请具体操作一遍。

3. 当全景视频拼接后画面产生变形应如何处理？

4. 全景视频剪辑与普通视频剪辑有什么区别？全景视频剪辑需要注意什么？

5. 比较市场上常见的全景视频播放器的优劣。

第五章

VR全景直播

导读： 本章主要讲述VR全景直播的相关步骤、注意事项以及行业应用。

虚拟现实技术的特点是高沉浸性，当用户处于虚拟环境时，如身临其境。用户转变角度时，虚拟环境也会作出相应的改变。普通视频直播中，受众往往只能从某一角度观看直播，不能全方位地了解主播周围环境的状况；而虚拟现实技术满足了受众的这个需求，使受众能从各个角度观看直播，增强了用户体验，用户的参与感也大大增强。因此，虚拟现实与视频直播两者相互契合，可以给受众营造更好的观看效果。

现阶段的VR直播主要是指360度全景直播，利用多路摄像机将视频信号拼接为360度全景视频，解决传统直播受众受镜头推移、视线角度的限制而不能获得最佳视觉体验的问题。用户可以通过机顶盒、VR眼镜等设备观看直播，体验沉浸感和现场感。

VR直播，通过全景摄像机进行视频的实时采集，并对视频进行拼接、编码，通过内容分发网络进行传输，最终在终端上进行视频的解码播放。其用到了多项视频处理技术，和普通视频直播的要求有很大不同。

随着VR直播技术的日益成熟，用户对其的信赖程度也越来越高。VR直播可以打破原有的手机屏幕空间的限制，拉近用户与直播者之间的距离，促使用户完成由围观者到参与者的身份转变。当下，Facebook、新浪微博、爱奇艺、优酷、YouTube、Twitter等平台均推出360度VR直播功能，并致力于借助其强交互性为用户打造全新的VR社交可能。

开启VR直播，天各一方的好友能够打破空间壁垒，面对面分享彼此喜爱的事物；在外旅行的用户还能借助VR直播，让远方的好友进入自己所处的场景，甚至站在用户的身边共同分享异域的美景。用户不仅可以观看直播内容，也可以通过同样的方法观看VR视频点播，VR直播也可以通过回放的方式播放。因此，VR直播的互动性将被大大提升，更多人能够更容易地了解VR直播。

在VR直播中，用户可以自行选择视角对画面进行观察捕捉。它完全打破了传统视频的"画框"，从而完成了由"内容决定用户"到"用户决定内容"的转变。Facebook等巨头用VR直播来打造VR社交，不单因为其已经拥有广大的用户群，更因为VR直播在同等成本的前提下可以达成完全不逊于VR社交应用的沉浸式体验。"一秒"走街串巷，"一秒"大漠斜阳……VR直播为用户提供了认识世界和进行社交的不同方式。正因如此，VR直播就具有更强的互动性与实时性了。

VR直播的发展离不开5G网络的加持。因为4G网络无法支撑VR直播时产生的庞大数据量，所以在VR直播时就会出现细节还原不清晰、直播内容延迟、直播中断等问题。一段几秒钟的VR视频数据流量可达到几十兆甚至几百兆，由于4G网络的速率限制，用户无法仅靠移动网络来观看体育赛事、演唱会等大型场景的VR直播。一直以来，VR超高清直播都是通过有线网络——摄像机拖着一根网线才能实现直播，这极大地限制了VR直播的移动化。相比4G移动网络，5G最快会有百倍的网速提升和毫秒级的延迟。

VR对延迟极其敏感，要实现"这一切都是真实的"体验，延迟要保持在毫秒级才能缓解"眩晕感"。因此，5G网络对VR直播非常重要。

第一节　VR全景直播拍摄前准备

VR全景直播因使用的软件不同，故直播拍摄的准备工作亦有所不同。本节选取两种直播软件，分别演示一下拍摄前的准备工作。

一、Insta360 pro2全景直播拍摄前准备

（一）直播的基础准备

（1）Insta360 Pro2；

（2）三脚架；

（3）录音设备；

（4）电脑或手机；

（5）5G多接口路由器；

（6）网线及电源设备；

（7）4G/5G网卡（可选）。

（二）直播的配件选择

脚架的选择：推荐使用VR专用独脚架，或1/4接口的三脚架。

录音设备：3.5mm接口麦克风、USB接口麦克风、调音台，或无线话筒麦克风。

操控设备：有网线接口或可转接网线接口电脑，手机端或者iPad端安装Insta360 Pro App，网络最好用20兆以上网络专线。

4G/5G无线网卡：有网线接口即可（在人多的情况下会导致网络速度减慢）。

（三）直播前的连接与拼接校准

1. 连接

将电脑或手机连接至与Insta360 Pro2同一个局域网中。连接方式如下：

第一种方式，全部连接网线。

（1）将外网接入路由器。

（2）从路由器中分出两条网线，一条接入Insta360 Pro2，另一条接入电脑（如果外网连接成功，此时Insta360 Pro2上的IP地址不会显示为0.0.0.0或192.168.43.1，否则说明连接失败）。

（3）电脑输入Insta360 Pro2上显示的IP地址即可连接成功。

（4）设置用户所需的直播设置。

第二种方式，路由器无线连接。

（1）将外网连接至Wi-Fi路由器。

（2）从路由器中分出一条网线连接Insta360 Pro2（如果外网连接成功，此时Insta360 Pro2上的IP地址不会显示为0.0.0.0或192.168.43.1，否则说明连接失败）；

（3）将手机或电脑通过Wi-Fi连接已连接Insta360 Pro2的Wi-Fi路由器，输入Insta Pro2上显示的IP地址即可。

（4）设置用户所需直播设置。

第三种方式，5G无线网卡连接。

（1）将5G路由器通过网线连接至Insta360 Pro2（如果外网连接成功，此时Insta360 Pro2上的IP地址不会显示为0.0.0.0或192.168.43.1，否则说明连接失败）。

（2）将手机或电脑通过Wi-Fi连接至已连接Insta360 Pro2的5G无线网卡，输入Insta Pro2上显示的IP地址即可。

（3）设置用户所需直播设置。

2. 开始直播

首先打开软件，如图5-1。

图5-1　Insta360图标

出现如图5-2的对话框，连接相机和Insta360信号接收器。

图5-2　Insta360 的PC端界面显示

输入机器显示器上的IP码，相机连接后会出现如图5-3的画面。

图5-3　相机屏幕显示

点击图片中"直播"右边出现的"基础设置"对话框。编辑"基础设置"。

- 模式：选择"自定义RTMP服务器"。
- 投影模式：选择"平铺"。
- 直播协议：选择"RTMP"。
- 分辨率：选择"4K（3,840×2,160）"如上网速度不高，需要降低分辨率。
- 码率：选择"4Mbps"。如上行网速不高，需要降低码率。
- 推流地址：复制填写VR直播网站上的推流地址。
- 流密钥：复制填写VR直播网站上的流密钥。
- 曝光设置：一般设置模式为"制动曝光"，如遇特殊情况，可选择手动曝光或各镜头独立曝光。
- 画面参数：亮度、饱和度、对比度可根据实际情况进行调整。

所有的设置都调整好后，点击"LIVE"按键开始直播。

3. 拼接校准

相机的机内拼接效果取决于具体拍摄场景。比如相机在远景和近景的效果会有差别。用户对预览或者试拍一些作品发现实时拼接的效果（直播、录像实时拼接）不满意时，可以用相机的"拼接校准"功能（注：请勿在无明显特征的环境下进行拼接校准，例如大片的白墙等）。

进入该功能后，用户请按提示在5秒内远离相机1米远，以便倒计时结束后的拼接校准可以获得最好的效果。如图5-4。

图5-4　相机"拼接校准"工作屏幕

若在电脑端进入"拼接校准"功能，可采用如下步骤：

点击"拼接校准"按钮。如图5-5。

图5-5　Insta360的PC端"拼接校准"界面显示

点击"开启"。如图5-6。

图5-6　需要拼接校准的画面

根据拼接校准后的画面选择用户所需要的选项，选择"恢复之前效果"还是"重新拼接"。如果没有问题，点击"完成"键。如图5-7。

图5-7　拼接校准后的画面

二、Pilot Go全景直播拍摄前准备

（一）直播的基础准备

（1）圆周率Pilot Era；

（2）三脚架；

（3）电脑或手机；

（4）5G无线路由器；

（5）网线及电源设备；

（6）4G/5G网卡（可选）。

（二）直播的配件选择

脚架的选择：推荐使用VR专用独脚架，或1/4接口的三脚架。

操控设备：手机端或者iPad端安装Pilot Go，将圆周率Pilot Era全景相机连接无线网络或连接网线，网络最好用20兆以上的网络专线。

5G无线网卡：有网线接口即可（注：在人多的情况下会导致网络速度减慢）。

（三）网络连接与直播

1. 网线连接

将外网或5G网卡接入路由器。

路由器中分出一条网线接入圆周率Pilot Era。

通过WLAN连接圆周率Pilot Era。

2. 直播前设置

（1）打开软件，如图5-8。

图5-8　Pilot Go图标

（2）出现如图5-9界面。

（3）进入直播界面后，点击屏幕正下方红色"LIVE"图标进入子界面。如图5-10。

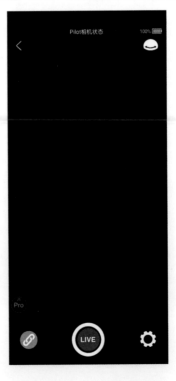

图5-9　Pilot Go 手机端显示1　　　　图5-10　Pilot Go 手机端显示2

（4）地址格式可选单个地址或"地址+秘钥"两种格式，根据直播播放软件来选择。如图5-11。

图5-11　Pilot Go 手机端显示3

（5）直播基础设置。

推流地址：复制填写"直播地址"到VR直播网站进行推流。

清晰度设置：可选择"自动"，这样系统会根据网络自动选择清晰度或通过码率选择清晰度。

（6）画面设置。点击屏幕左下角"Pro" 图标，调整ISO、EV的参数。

（7）相机稳定及朝向设置。点击屏幕右下角齿轮标志，可对直播防抖及画面朝向进行设置。

（8）所有设置完成后点击"开始直播"，进行直播推流。

第二节　VR全景直播拍摄现场

一、室内直播

（一）前期准备

确定现场机位（尽量靠近被摄主体）。

确定现场电源以及网线是否接通，在所定机位安装连接（网络需20M/s以上的上行带宽专线）。

（二）直播阶段

拼接校准。

根据直播需求进行相关设置。

（三）模式选择

机内服务器推流：本地播放器的推流。

自定义RTMP服务器：填写直播平台提供的RTMP服务器地址。

HDMI输出：通过HDMI线输出至显示器、导播台、电脑等设备。

航拍：连接航拍图传设置，根据需求选择全景或3D全景。

（四）选择直播协议

目前主要有以下直播协议可供选择：

1. RTMP（Real Time Messaging Protocol，实时消息传送协议）

RTMP是Adobe Systems公司为Flash播放器和服务器之间的音频、视频和数据传输开发的开放协议。

2. RTSP（Real Time Streaming Protocol，实时流传输协议）

RTSP定义了一对多应用程序如何有效地通过IP网络传送多媒体数据。RTSP提供了一个可扩展框架，数据源可以包括实时数据与已有的存储数据。该协议的目的在于控制多个数据发送连接,为选择发送通道(如UDP、组播UDP与TCP)提供途径,并为选择基于RTP上的发送机制提供方案。

3. HLS(Http Live Streaming,基于HTTP的自适应码率流媒体传输协议)

HLS有一个非常大的优点是HTML5可以直接打开播放,这意味着可以把一个直播链接通过微信等转发分享,不需要安装任何独立的App,只要有浏览器即可,所以流行度很高。

分辨率、帧率和码率设置要根据用户选择的直播平台来决定。如果设定中没有用户所需的分辨率,点击"自定义"即可设置(分辨率不能大于3,840×3,840)。

特别提示:用手机端观看全景直播时,推荐将码率调整为4Mbps。如果还有卡顿,先排除是否是因为手机卡顿引起的;如果不是,请选择更低的码率(造成卡顿的原因,很多是上传带宽不够)。

(五)自定义RTMP服务器

如果用户在模式中选择"自定义RTMP服务器",就可以填写平台提供的"推流地址"和"流密钥"。平台推流时注意区分"推流地址"和"推流密钥"。

二、室外直播

(一)前期准备

准备好电池以及5G无线网卡。

(二)直播阶段

将5G无线网卡通过网线与全景相机连接。

电脑或手机连接5G Wi-Fi网卡发出的Wi-Fi信号。

打开App,输入全景相机上显示的IP地址。

开始拼接校准。

选择"直播"填写自己所需参数以及地址。

点击"开始"即推流成功。

第三节　VR全景直播注意事项

一、勤测试

事先创建好直播房间，配置相关信息——广告位、广告链接、图文介绍等。需要将直播链接嵌入自己的网站、App或者微信公众号里的用户提前做好准备，嵌入时遇到问题要及时联系你的专属商务服务人员。在条件允许的情况下，尽早到活动现场进行直播环境的搭建和测试。如果用户无法到达活动现场，可以尝试搭建模拟环境进行测试。在活动开始前1个小时，用户进行最后的测试检验，确保活动顺利进行。

二、网络满足

需要足够的带宽，以保证直播的稳定性与画质的清晰度。一场高质量的VR直播需要20M/s以上的上传速度，以专线网络为最佳。

三、熟悉设备

VR直播会涉及各种各样的设备，用户需提前了解活动当天要用到的所有设备，准备好相关配件，提前熟悉设备，并做好测试。

四、设备备用

为确保直播的万无一失，用户在开播前需另准备一套音频系统和摄像设备以及备用电源、网络、收音设备等。

五、光线调试

若光线条件较差，直播画面会出现画质低、块状图像、马赛克等问题。用户在开播前要通过图传观察现场光线，并进行调试。

六、声音调试

直播时,除画面外,声音效果也会影响客户的体验。导播台接出独立的音频信号可以避免出现声音嘈杂、信号混乱、回音等问题。现场声音极为嘈杂时,用户需提前配备专业的收音设备。

第四节　VR全景直播平台

一、微博直播

(1)连接相机,并拼接校准。

(2)打开"http://tools.insta360.com/live"创建直播。

(3)绑定微博(注:蓝V需要向微博方面申请才可直播)。

(4)选择自定义RTMP服务器(Custom RTMP Server),然后复制、粘贴RTMP URL以及流名称。

(5)点击"LIVE"即可开始直播(注:微博直播只可以在手机端观看,电脑端无法观看)。

(6)根据微博直播的相关政策限制,海外IP地址的网络无法正常进行微博直播。

二、Facebook直播

(1)连接相机并拼接校准。

(2)打开"https://www.facebook.com/live/create"创建直播,并在设置中勾选"360度全景视频"。

(3)选择自定义RTMP服务器(Custom RTMP Server),然后复制、粘贴RTMP URL以及流名称。

(4)点击"LIVE"即可开始直播。

除以上直播平台外,还有一些按照流量和并发数收费的平台,如UtoVr、爱奇艺VR、优酷VR、未来云、720云、快手、映目等。

VR直播可以通过多种方式呈现给用户。用户在家中可以通过家庭网关,利用机顶盒将VR视频内容显示在电视上，电视上显示的VR全景视频需要用遥控器控制转动；也可以使用机顶盒，将高清晰度多媒体接口（HDMI）和USB线连接到头戴式显示器（HMD）上，显示的内容随着用户头部的转动而转换显示内容；还也可以使用手机+VR眼镜的方式，手机可以通过Wi-Fi或移动5G网络获取VR全景视频，显示效果与HMD的方式类似。

第五节　VR全景直播行业区分

近年来，随着我国大力推进5G，VR直播呈现井喷态势。5G"高速/大容量"的特征让VR直播更加流畅，有利于提高观众的观赏体验。虚拟现实会为观众带来革命性的观看体验。2018年11月12日，美国男篮职业联赛（NBA）的萨克拉门托国王队就尝试推出新的VR直播技术，借助这种技术的优势，球迷可以像坐在场边一样观看比赛。2019年2月3日，江西卫视春节联欢晚会播出，借助江西联通及中国联通5G创新中心提供的技术支持，此次江西"春晚"重磅推出了"5G+360° 8K VR看春晚"，这也是电视史上首个基于5G网络的超清全景VR"春晚"。2019年2月4日除夕夜，中央广播电视总台央视"春晚"主会场与深圳分会场的5G+VR超高清直播视频顺利接通并传送，画面流畅、清晰、稳定，标志着中国电信央视春晚5G+4K超高清直播工作的圆满完成。2019年2月13日至19日，山东省正式迎来了政协第十二届二次会议和省十三届人民代表大会二次会议。本次会议相比以往增加了一个新亮点，即首次通过5G+VR进行全景实时直播，让观众身临其境地感受到了山东"两会"现场的氛围。2019年3月3日，全国政协十三届二次会议在北京开幕。在位于梅地亚的"两会"新闻中心和政协代表驻地北京铁道大厦等地，首次由运营商实现了5G全方位服务。

VR直播带来的沉浸感体验在多个行业都具有重大意义，具备巨大的市场潜力。赛迪顾问于2019年10月发布的《2018年VR、AR市场数据》显示，2018年中国VR、AR市场规模为80.1亿元，增长率为76.5%，其中直播行业应用市场规模为9亿元，占比112%，仅次于游戏和视频。2021年，中国VR、AR市场规模达544.5亿元，年均增长率为95.2%。[①]

在5G技术的快速发展和国家政策支持的背景下，5G技术落地应用就显得极为重要和迫切，VR、AR、无人驾驶、物联网、工业4.0等都是5G技术未来的重要应用场景。但目前为止，只有VR视频能较好地和5G技术相结合，全国各主要城市都在建立5G应

---

① 2018年VR、AR市场数据[EB/OL].（2019-10-21）[2022-4-11]. http://gxt.shananxi.gov.cn/dgzdt/51404.jhtml.

用展示试点,VR直播作为现下唯一能快速落地的应用场景,已经在全国各地进行部署。作为视频采集重要工具的VR摄像机需求量激增,而且要求是三防级的8K VR摄像机。与此同时,各行各业也随着政策驱动和运营商合作,逐步尝试5G+VR系统的建设。截至2018年,5A级景区数量达到259个,预计2022年产值将达到数十亿元。

在此背景下,行业中提出"5G+VR+8K慢直播体系"概念。移动VR直播云平台借助5G网络的超优性能,为优质的VR图片、VR视频、VR直播等相关内容的使用和存储给予壁垒般保障支持,后续通过有力扎实的媒体平台将云平台顺势推向消费者、企业、政府。"5G+VR+8K慢直播体系"建设将作为一款以VR直播为主、VR周边为辅,可日常、可专业、可制作、可依赖、可吸收、可盈利的多元化、生态化平台;通过相应渠道的导流,达到广告营收的目的,从形式上进行突围。

VR直播相对于平面2D视频,对网络带宽要求较高。但受限于网络带宽成本因素,许多VR直播平台会压缩传输码率以降低成本,带来的后果就是给用户不清晰、眩晕的感受,体验感大打折扣;加上有的VR直播形式单一,只能进行被动式的观看,缺少互动。但随着云计算、5G以及千兆宽带网络的快速发展,VR直播技术的改进,社交元素的融入,VR直播体验将越来越好。

技术服务于内容,只有更好地掌握和应用技术,才能推动VR直播更好、更快地服务于社会,进而应用于更多的行业和领域。

? 课后思考题:

1. 什么是全景直播? 全景直播需要做哪些准备?

2. 你认为VR直播中最重要的准备工作是什么?

3. 当前社会中,哪些因素制约了全景直播的发展?

4. 现在常用的可以全景直播的平台都有哪些?

5. 如何推流到平台? 具体操作步骤有哪些?

6. 什么是内网直播? 什么是外网直播?

7. 为什么要全景直播? 全景直播可以满足哪些行业的需求?

第六章

VR行业应用 ·····································

导读: 本章节主要向大家介绍VR虚拟现实行业应用的意义及部分成果。

一种技术的创新其本质就在于应用,应用场景的多元化和拓展性决定着技术未来发展的空间和容量。首先,需要明确什么场景或是应用值得采用虚拟现实开发。其次,开发成本的多少决定可复制、可推广的容量。潜在的娱乐价值是显而易见的,沉浸式电影和视频游戏就是很好的例子;娱乐业是一个价值数十亿美元的行业,消费者总是热衷于新颖性。虚拟现实还具有许多其他更有价值的应用程序。如果在现实中做的事太危险、太昂贵或不可逆转,虚拟现实就可以帮助其产生应用场景。从见习战斗机飞行员到见习外科医生,虚拟现实能够承担虚拟风险,从而获得现实世界的经验。随着虚拟现实技术成本的下降,其应用程序开发也变得越来越普遍,例如教育或生产力应用程序。虚拟现实以及增强现实可以从根本上改变与数字技术对接的方式,继续保持技术人性化的趋势。

一、教育

教育作为一个引导理性认知的崇高领域,是建立在人对现实世界的客观认识之上的。学生可通过教育工作者所说内容、所展示图片等途径,获得知识。通过VR技术,我们可建立一个现实并不存在,但却是对现实世界抽象化、高度模拟的世界。因此,虚拟现实技术是一种科学认知的方法,与教育一拍即合。

教育领域十分庞大,从人们最熟知的角度来讲,可简单分为学前教育、初等教育、中等教育、高等教育等。每个阶段又分为素质文化教育、科学文化教育、爱国主义教育等。VR技术可在教育领域的各个方面充分发挥其优势。

学前教育阶段和初等教育阶段,是人出生以来有关世界认知教育的重要阶段。在这两个阶段,孩子往往对于世界充满好奇,常有诸多困惑。由于年龄和认知能力有限，孩子对于许多事物不明就里，不能有效区分，比如幻想自己是动画或者电视剧故事里的超能力者。

虽然虚拟现实技术可以使课堂更加新奇有趣，能够模拟出各种动物和卡通角色等，但和传统的图片、视频教育相比，不见得能有更好的效果，有时反而会带来更多的负面影响。据调查，现在很多家庭在孩子哭闹时，往往用电子产品去哄孩子，造成了孩子对电子产品的过度依赖，这是非常不好的现象。过早地将VR技术推给低龄儿童，也会产生类似的不良后果。

到了中等教育阶段后，此时学生对世界已有了比较坚定而又客观的认识。开始渐渐接触各个学科更深层次的知识，不可避免地便是各类实验。谈到实验，人们头脑中第一反应便是实验必须遵守的一条条安全准则等。实验或多或少都会伴随着一些风险，这是无法避免的，只能用安全规范的实验步骤来规避风险，同时达到实验的目的。尽管如此，每年还是会发生很多安全事故，这时候虚拟现实技术的一个非常独特的优点就凸显了出来。借助VR技术所进行的一些成本非常高且极具危险性的实验或者教学，即使产生错误或者发生危险，也不会导致设备损坏和人员伤亡。因此，VR技术既可以达到实验教学的目的，又可以避免实验带来的种种风险。

此外，虚拟现实技术脱离了时间、空间和资源的束缚，能展开一些现实中无法进行的实验教学，例如物理的核聚变等。这些实验在平常的学习生活中几乎是不可能接触的，而通过虚拟现实技术，师生基本可以摆脱实验过程基本靠讲，实验现象基本靠想象的尴尬局面。

前面可以说大部分是"授人以鱼"，至于高等教育阶段甚至更往后，这时候的教育更多是"授人以渔"，更偏向科学的探索和方法的引导。虚拟现实技术是建立在已知基础上的，人类认知是有限的，而知识是无限的。对于未知的探索，虚拟现实并不能提供什么实质性的帮助，顶多表达出人们逻辑运行推测的结果，并不具有任何代表性，不能说明探索或推测结果的准确性、可靠性。

也就是说，虚拟现实技术多运用于初期的相关训练，最后还是得脱离虚拟现实技术进行实际操作。因此，虚拟现实技术在高层次的教育领域中前景并不大光明。

二、医疗

随着"互联网+医疗"政策的深入贯彻落实，我们将进入一个全新的"智慧医疗"时代，可穿戴医疗设备有望步入快速发展期。

（一）手术场景模拟

在外科手术中，可以利用各种影像数据，建立出模拟的环境，进行手术计划的制订。制订好计划之后进行反复的手术模拟演练，同时还可以通过这种方式开展手术的教学。这样非常有利于提高医生的手术水平，还可以对经验不足的年轻医生进行培训，以提高他们面对真实手术环境时随机应变的能力，在很大程度上降低手术过程中因经验不足、预备不够等造成不必要失误的概率。同时，如果将整个模拟环境手术操作过程录制为影像资料，也方便医学生对该手术的学习，进行教学实践的模拟训练，增强医学生自身的手术能力。

（二）远程干预

远程干预能够使在手术室中的外科医生与远程的专家实时交互并对病人进行会诊，使在某一领域具有丰富经验的专家不受空间距离的限制。目前，存在的主要难题是网络数据的传输延迟，传输延迟会导致操作不能连贯进行。解决这一问题比较好的方法是采用专用的网络通道、高性能的GPU进行控制。在虚拟现实手术会议系统中，能够实现对器官和肿瘤的模拟，通过头部定位的现实装置进行查看；在进行高难度手术的过程中，可以实时接收到手术室中的高清图像、多维影像，对治疗过程进行实时监测指导。

（三）临床诊断

在临床诊断方面，可以利用三维重构技术，建立部分虚拟内镜的模型，使医生的视角在病人体内甚至毛细血管中自由转换，这种动态的虚拟现实对临床诊断具有珍贵的价值。虚拟技术还可以重建人体躯干模型，其中的虚拟器官能够模拟真实器官的弯曲、伸长以及切割时产生的边缘收缩现象，为诊断提供良好的实验环境。同时，还可以建立虚拟耳窥镜模块，以虚拟现实的形式显示耳的剖面结构，通过CT和MRI图像数据重建耳的内表面，模拟传统内镜对内耳的检查过程，并利用其功能进行深入研究。

三、工业制造

（一）在需求分析阶段的应用

在工业设计的需求分析过程中，使用虚拟现实技术中的Web页面开展市场调查，能够提高被调查对象的兴趣,最终得到的调查信息也更具全面性与准确性。对于调查者来说,调查得来的数据能够比较准确地反映市场需求的实际情况,促使产品的合理性得到进一步提高。

(二)在概念设计中的应用

在进行概念设计的过程中,通过多样的虚拟环境,用户可亲自参与到模型修改的过程中,或者通过触摸屏来选择产品的造型、风格、颜色等,形成逼真的三维模型。设计者在获得的用户产品体验的基础上,结合专家意见来修改产品的相应内容。

(三)在详细设计中的应用

根据工业发展中的技术应用需求,有效地把相关的技术应用控制与工业设计中的详细设计结合起来,可以更有效地发挥出整体设计的实践效果,整体设计应用的实践性也可以随之得到进一步提高。例如,在工业设计技术的应用过程中,及时根据虚拟现实技术的应用来开展装配设计技术、人机交互应用的实践分析,在详细设计阶段完成得越详细,越贴近实际,在样机制作及测试阶段出现问题的概率就越小,从而提升产品研发效率。

(四)在虚拟制造中的应用

虚拟制造系统给产品的模拟制造创造了良好的技术条件,使用计算机模拟产品的设计、开发以及制造过程,不会产生资源与能源的浪费。此外,通过虚拟制造环境,能够及时找出制造过程中可能产生的问题,在产品生产之前将潜在的隐患消除于无形之中。

(五)在产品评价中的应用

目前,虚拟现实技术作为工业设计方案的评价及评审的全新手段,对现代设计评审的高效开展起着至关重要的作用。特别是重工行业,由于其产品体量较大,样机开发周期较长,传统的设计评审方式通常是采用二维效果图评审或等比例模型评审,这种方式的弊端在于,二维效果或缩小版模型很难让人直观感受到设计输出物的实际效果,对设计的验证需要等到样机制作完成后才能实施。如果实物评审后再进行设计更改,中间需要耗费大量的时间、物料和人力成本。

虚拟现实技术还广泛应用于汽车及工程机械驾驶室内饰的评审,人们可以通过虚拟模型感知内饰的舒适度、操控性等。

总之，虚拟现实技术在产品评价中的应用，可以让我们及早地发现产品存在的问题，并解决问题，防患于未然。

四、应急仿真

（一）专业救援人员培训

利用VR技术对特种灾害场景仿真再造和先进装备仪器的模拟训练，主要用于应急救援培训及演练，增强救援人员的救援技能，提高救援效率。比如北京消防局和清华大学联合开发了2008年北京奥运场所数字化灭火救援动态预案与虚拟仿真训练系统，用于消防战术和消防指战员心理素质训练。

（二）大众体验防灾科普

通过VR技术模拟常见灾害场景，主要用于常见灾害体验及逃生技能培训，将防灾意识及防灾训练贯穿于日常。

（三）特殊作业人员培训

将VR技术应用于矿产、核化工、电力等特殊工种的安全培训。高度仿真的三维动画展示和虚拟交互操作使培训人员在学习时有置身于真实环境的感觉，可有效增强学习效果，从而达到提高安全意识、减少安全事故的目的。

五、智慧城市仿真

VR表现技术将虚拟环境中的各种对象模型通过不同的表现方法、算法渲染在表现设备上，以沉浸方式呈现给建筑设计者学习者。交互问题主要涉及人或外部世界与虚拟环境之间互相作用的信息交换方式与人机交互设备，最终目的是获得更加具有实用性的建筑设计。

（一）智慧交通

当前微观仿真技术应用比较多的领域是城市地理信息系统。该系统基于细节层次显示技术和视景分块调度技术，结合虚拟现实技术，实现对图形数据和属性数据库的共同管理、分析及操作。也可基于图形和图像的建模技术对建筑物和其他一些复杂的模型进行重建，再利用有理函数模型表示遥感影像与地面之间的构像关系，使用纹理映射技术，构建具有高度真实感的平面或三维景观图。或者将城市表面几何对象经过模型化后，以数字的形式存储在计算机中，采用纹理和贴图技术、LOD模型、动态多分辨率的纹理与影像优化技术，进行微观仿真。

（二）智慧建筑

虚拟现实技术与其他技术集成应用，可完成虚拟场景构建、虚拟施工过程模拟以及交互式场景漫游，以确保工程在各个阶段具有良好的可控性，同时保持与各专业之间紧密的联系及反馈机制。例如，利用BIM+激光扫描进行工程验收，通过与原始设计模型进行比对，得出偏差分析报告，从而起到高效、精确地对现场施工情况校对的效果。在BIM建模的基础之上，采用虚拟现实软件进行逼真的模拟体验，设计人员、业主可在三维场景中对模型进行查看，这样很多不易察觉的设计缺陷能够被提前发现，避免由于事先规划不周而造成无可挽回的损失和遗憾，大大提高项目的评估质量。

（三）智慧市政

智慧市政地下管网虚拟现实系统为施工部门和管理部门提供地下管网准确的走向和埋深等有关信息，通过进行各种分析，为领导部门提供管网规划、管网改造等辅助决策功能。地下管线虚拟现实系统，一是可以实现传统手工处理方式向现代化信息管理转型，以保证数据的实时更新、有效管理，避免重复收集数据信息；二是可为市政建设提供规划、设计、决策服务；三是可为应对突发事件提供支撑。

六、能源仿真

能源的开采和开发涉及很多模块和行业，常常需要对大量数据进行分析管理，并且由于职业的特殊性，其对员工的业务素质也有很高要求。运用三维虚拟技术不但能够实现庞大数据的有效管理，还能够创建一个具有高度沉浸感的三维虚拟环境，满足企业对石油矿井、电力、天然气等产业高要求、高难度职位的培训要求，有效提高员工的培训效率，提升员工的业务素质。

七、文化旅游

（一）虚拟旅游

应用计算机技术实现场景的三维模拟，借助一定的技术手段使操作者感受目的地场景。坐在电脑椅上就能身临其境地游览全世界的风景名胜，还能拍照留念——这就是时下风行的"虚拟旅游"。虚拟旅游通过阅读和互动体验的虚拟游戏方式实现线上旅行，并且为线下旅行提供指导。

（二）旅游宣传

旅游网站、旅行社网站通过虚拟旅游视景系统的建立，将旅游景区从二维"抽象"到三维影像，对现有旅游景观进行虚拟展示；旅游消费者借助虚拟旅游视景，可以全景式地了解风景区概貌，更直观地了解各景点地形地貌以及旅游线路。虚拟旅游视景既宣传了旅游资源又方便了消费者，从而起到预先宣传、扩大影响力和吸引游客的作用。

（三）景区保护

将虚拟现实技术引入到景区保护领域中来，主要着眼于对一些经典景区的保护。采用虚拟现实技术，可以缓解这些景区经济效益与遗产保护的矛盾。由于有人数限制，很多景区可以开放数字化的参观方式，减少游客对景区的伤害。

（四）导游实训

由虚拟现实技术打造的虚拟现实平台可以将客户提供的旅游景点虚拟数据全部集成到播放平台。导游人员、旅游管理人员可以通过旅游实训系统平台浏览旅游景点，并结合文字学习景区、景点、景观的历史文化知识，为日后社会实践做好准备。

（五）旅游规划

借助虚拟现实技术对于要创建的景点进行系统建模，生成相应的虚拟现实系统，然后通过人机界面进入该虚拟场景。规划人员经过亲身观察和体验，判断规划方案的优劣，检验规划方案的实施效果，减少设计缺陷，提高规划质量和进度，加快开发周期。

八、影音媒体

（一）电影电视

虚拟现实技术常应用于影视作品、电视节目制作中。应用在电视节目中最常见的形式是虚拟演播室、虚拟场景等。

当前,虚拟现实技术在影视制作中的应用,主要是通过构建出可与影视场景交互的虚拟三维空间场景,结合对观众的头、眼、手等部位动作捕捉,及时调整影像呈现内容,继而形成人景互动的独特体验。

受虚拟现实技术启发的电影如《割草机男人》、《黑客帝国》(1982年版)、《异次元黑客》等。

运用虚拟现实技术的电视剧,如《神秘博士》《红矮星号》《星际迷航:下一代》等。

(二)音乐

虚拟现实音乐这项技术已成为实验性声音显示和声音装置的一部分。虚拟现实乐器的另一种用途是人们可以与这些乐器进行交互,作为一种新型的表演或创作新的作品。

(三)艺术

虚拟现实艺术,即有些艺术家使用虚拟现实来践行某些想法或表达某种理念。他们创建一个三维环境,作为与观众交流的一种形式。

九、游戏动漫

(一)游戏

与传统游戏相比,VR游戏会带来强烈的临场感,玩家将不被局限于平面,而是身临其境地体验游戏场景。此外,VR、AR游戏通过体感操作,实现玩家与游戏角色的感官同步,让游戏更有乐趣。

(二)动漫

利用虚拟现实技术把动漫中的场景建成虚拟三维场景,5G的低延时特性可以让动漫迷随时随地化身为自己喜欢的人物,进入这个虚拟场景体验动漫剧情,丰富动漫迷的兴趣点,提高动漫迷与动漫的黏合度,对于动漫IP的打造以及动漫产业的发展有着显著的促进作用。

十、体育竞技

（一）体育运动辅助训练

虚拟现实被用作许多运动（例如高尔夫、田径运动、滑雪）的训练辅助工具，主要用于提高运动成绩和分析技术。利用虚拟技术，遵循人体运动的生理解剖学规律，结合各种运动实际情况等进行的虚拟动作实验可以提高运动员的运动成绩，有效减少运动员在做高难度和复杂技术动作时导致的运动损伤，使运动员在虚拟实验环境中，可以放松而专心地去做各种练习，更好地掌握技术动作。

（二）体育运动制造业

虚拟现实技术可运用于运动服装和装备的设计中，例如跑步鞋的设计。创新是体育运动行业的关键因素，运动员们一直在寻找获得优势的方法，这意味着更快、更强壮、更强的耐力等。运动员们一直在不断突破自己的身体极限，从而推动运动服装和装备行业的发展。这个行业必须跟上不断追求运动完美的步伐，并使用最新技术来做到这一点。

十一、创意营销

虚拟现实营销是指将虚拟现实技术应用于营销活动，在不同的营销情境下，通过改善产品、企业、品牌等信息呈现，改善顾客与企业的互动和交流状况，提升顾客获得的实用价值与体验价值，企业则可获得销售额、市场份额、顾客权益和品牌权益等方面的增长，即实现了企业与顾客价值的共同创造。

"虚拟现实+商业营销"是利用虚拟现实技术，使消费者获得逼真的感官体验，充分调动消费者的感性基因，从而影响其消费决策。"虚拟现实+商业营销"分为线上和线下两种方式，线上营销是电商2.0版，VR、AR电商通过三维建模技术与VR、AR设备以及交互体验，可以带给消费者更好的消费体验；线下营销则是在产品的实体店或是展示活动现场利用VR、AR设备给消费者带来有趣的互动体验，增加消费者的兴趣与购买欲。

在广告营销领域，例如，对于依赖互联网技术发展的电子商务，商家通过虚拟现实技术直观展示产品，减少烦琐的介绍，降低"物品与实物不符"的概率。电商巨头淘宝于2016年4月推出了"BUY+"的虚拟现实应用程序。"BUY+"利用了三维动作捕捉技术捕捉消费者在购物过程中的动作，与之实现互动。同年9月，京东商城发布名为

"VR购物星系"的App，主要功能是"模拟化妆"以及VR全景店铺。在该款App中，客服人员甚至可以"入镜"，指导消费者购物，优化购物体验。

❓ 课后思考题：

1. 虚拟现实技术对全行业的意义是什么？

2. 除了本章所提到的，与虚拟现实技术相结合的行业还有哪些？

3. 谈谈你对虚拟现实技术的认识及看法。

4. 你认为虚拟现实技术目前的行业瓶颈在哪里？怎么解决？

第七章

VR全景案例训练

导读： 本章主要讲述VR全景在各行业的应用情况，并展开实操训练。

第一节　VR全景案例背景分析

随着虚拟现实的发展，观看全景视频也渐渐成为人们生活消遣的一种手段。自2018年南昌举办世界VR产业大会（如图7-1）以来，涌现出了越来越多的低成本制作VR全景影片的案例。2018年底，在上海举办的第一届世界进口博览会上，开幕式影片就是用最简单的VR全景照片制作的影像。以此方式制作影片，有着"一举两得"的好处，在实际运行成本中，可以较高的影像质量、较低的成片价格和成熟的影像模式，更好地为客户服务。

图7-1　2018年世界VR产业大会宣传展板

2021年，拍摄设备影像业巨头Insta360和未来云科技深度沟通后，提出一个理念：利用VR眼镜迅速普及的当口，针对普通影院模式，利用传统影像和VR全景影像相互融合剪辑的方式表现影片内容。这种剪辑主要跟随影片的内容进行合理剪辑安排，最大限度解决了沉浸感不强和全景VR影片叙事感差的问题。

之所以做这种尝试，原因如下：第一，受传统影像的影响，人们的认知很难一下子有所改观。第二，抖音等短视频平台呈爆发式增长，传统影像依旧是最为常见的视频观着模式。第三，VR全景视频由于其全视角模式，导致了传统叙事模式的改变，叙事线索和叙事模式被彻底颠覆，但是一时间又没有更好的解决方案。第四，VR全景视频对于VR眼镜等设备要求偏高，VR眼镜又处于快速迭代的状态，8K甚至更高的VR全景视频，绝大部分VR眼镜无法与之适配。第五，8K及以上清晰度的VR全景影片，拍摄成本很高，但是效果又不太理想。

基于上述原因，本书特意增加了市场上主流的低成本和更适合观影的几种制作影像的方法，供读者实战操作。书中所提相关素材案例，均可以去百度网盘下载并使用练习。

第二节 全景图片转传统视频

一、使用录屏软件制作

首先打开全景网站中需要制作的素材，通过网站自带的自转、小行星、推近、拉远等展示功能，用鼠标拖拽等方式，利用市面上常用的电脑屏幕录制软件，采用"所看即所得"的效果。录制屏幕上出现的各种效果。然后再将所录制素材通过Adobe Premiere Pro剪辑软件剪辑成需要的片子。

以市面上常见的录屏软件Bandicam Portable（如图7-2）为例。点击屏幕录制按钮，同步录制屏幕上出现的各种效果，再将之用Adobe Premiere Pro剪辑软件剪辑成片。

图7-2 Bandicam Portable录屏软件

这种方法简称"录屏法"，其最大的特点是，操作简单，容易上手。但是缺点也很明显，出来后的影像质量可能会损失或者分辨率降低，有损画面质量，最终影响成片效果。

二、Adobe Premiere Pro实际操作

以下我们使用Adobe Premiere Pro来实际操作一遍。

打开Adobe Premiere Pro软件。如图7-3。

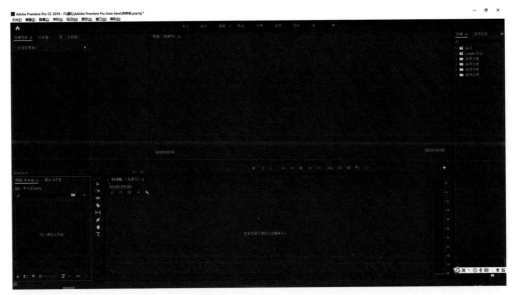

图7-3　Adobe Premiere Pro界面1

导入素材。如图7-4。

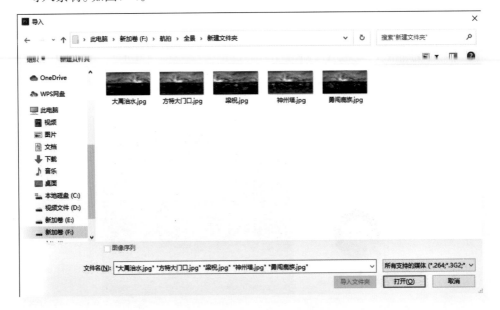

图7-4　Adobe Premiere Pro界面2

将导入的素材拖拽到进度条。如图7-5。

图7-5 Adobe Premiere Pro界面3

点击右侧效果栏中"GoPro VR"插件的"GoPro VR Reframe"，将其拖拽到进度条上。如图7-6。

图7-6 Adobe Premiere Pro界面4

拖拽插件后右侧效果控制栏中会出现相应可调节数值。如图7-7。

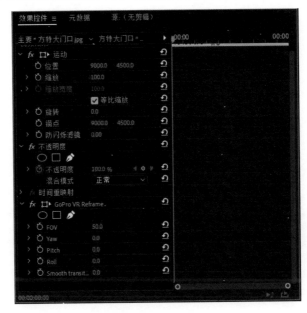

图7-7　Adobe Premiere Pro界面5

FOV数值调节为远近调节，数值越大，距离越近。

Yaw数值调节为X轴横向移动。

Pitch数值调节为Y轴纵向移动。

Roll数值调节为Z轴移动。

通过FOV、Yaw、Pitch、Roll 4个数值的调节打点，可实现不同效果。

打点"一"数值及效果如图7-8。

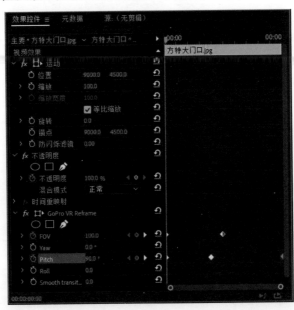

图7-8　Adobe Premiere Pro界面6

FOV数值调节为100、Yaw数值调节为0、Pitch数值调节为90、Roll数值调节为0时，画面实时效果如图7-9。

图7-9　Adobe Premiere Pro界面7

打点"二"数值及效果如图7-10。

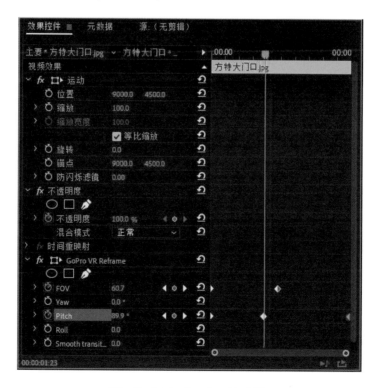

图7-10　Adobe Premiere Pro界面8

　　FOV数值调节为60.7、Yaw数值调节为0、Pitch数值调节为89.9、Roll数值调节为0时, 画面实时效果如图7–11。

图7–11　Adobe Premiere Pro界面9

　　打点"三"数值及效果如图7–12。

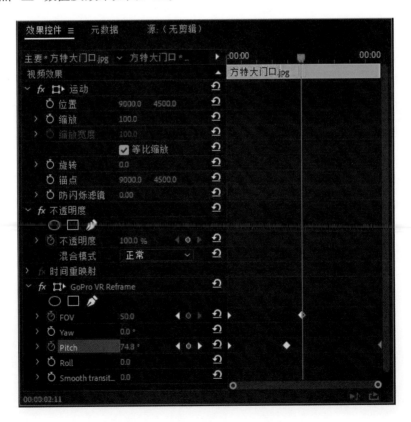

图7–12　Adobe Premiere Pro界面10

FOV数值调节为50、Yaw数值调节为0、Pitch数值调节为74.8、Roll数值调节为0时，画面实时效果如图7-13。

图7-13 Adobe Premiere Pro界面11

打点"四"数值及效果如图7-14。

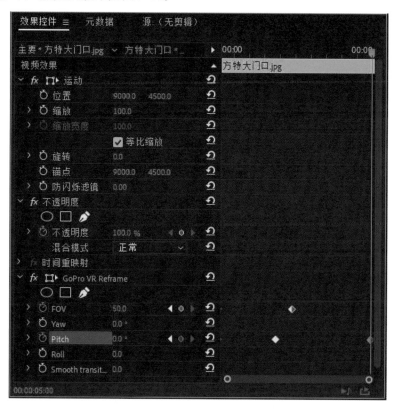

图7-14 Adobe Premiere Pro界面12

FOV数值调节为50、Yaw数值调节为0、Pitch数值调节为0、Roll数值调节为0时，画面实时效果如图7-15。

图7-15   Adobe Premiere Pro界面13

打点"五"数值及效果如图7-16。

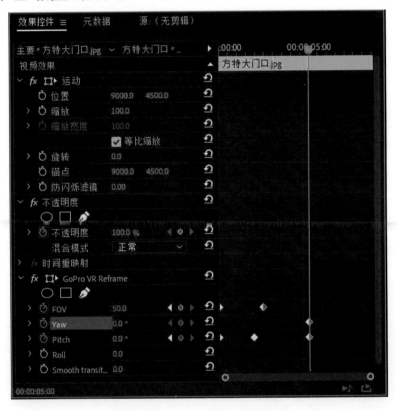

图7-16   Adobe Premiere Pro界面14

FOV数值调节为50、Yaw数值调节为0、Pitch数值调节为0、Roll数值调节为0时，画面实时效果如图7-17。

图7-17　Adobe Premiere Pro界面15

打点"六"数值及效果如图7-18。

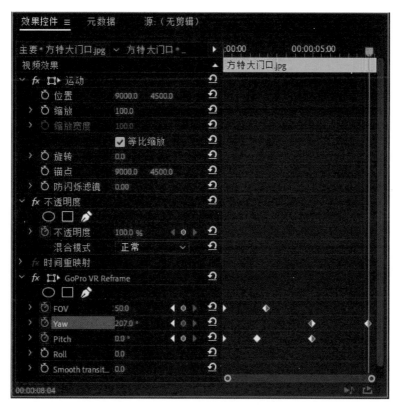

图7-18　Adobe Premiere Pro界面16

FOV数值调节为50、Yaw数值调节为207、Pitch数值调节为0、Roll数值调节为0时，画面实时效果如图7-19。

图7-19　Adobe Premiere Pro界面17

通过以上几种打点方式，用软件调整画面角度和素材，最终生成MP4格式的文件，用普通视频播放器播放。这种方法与之前的录屏法相比，生成的画面不会有质量损失，清晰度与原素材相同，剪辑起来自由度较高。

第三节　传统视频与全景视频相互转换

首先准备一套传统与全景视频相结合的素材及一张全景影院的图片，将全景影院图片作为传统视频前景模板，将传统视频缩放到全景影院银幕大小。当传统视频转变为全景视频时，慢慢虚幻隐藏影院模板，从而过渡衔接全景视频。反之，变回传统视频时，操作方法相同。

打开Adobe Premiere Pro，导入所有素材。如图7-20、图7-21。

图7-20　传统视频转换为全景视频界面1

图7-21　传统视频转换为全景视频界面2

将导入的影院素材拖拽到进度条。如图7-22。

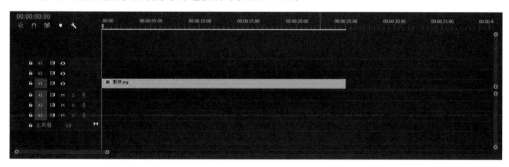

图7-22　传统视频转换为全景视频界面3

将进度条拉长到需要的时间长度。如图7-23、图7-24。

图7-23　传统视频转换为全景视频界面4

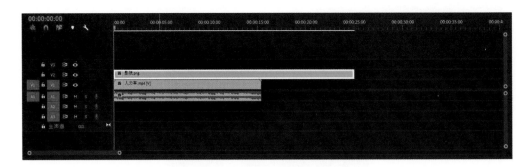

图7-24 传统视频转换为全景视频界面5

导入第二段视频，并且将第二段视频的视频条放在第一段的下面，方便后期的操作。如图7-25、图7-26。

图7-25 传统视频转换为全景视频界面6

图7-26 传统视频转换为全景视频界面7

　　调整人力车视频的缩放数值及位置。因为第一段是一个影院的全景图片，幕布的地方为镂空，在镂空的位置正好显示第二段视频。调节数值是为了将第二段视频正好嵌入屏幕框内。如图7-27。

图7-27　传统视频转换为全景视频界面8

　　将全景人力车3D视频拖拽到进度条，放在影院视频下，衔接人力车视频。如图7-28至图7-31。

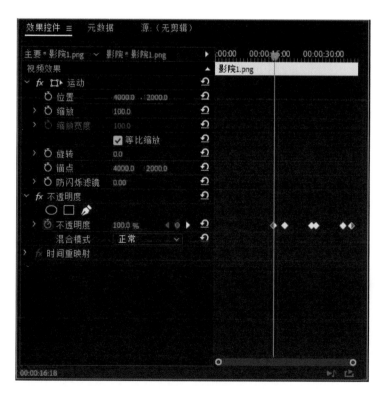

图7-28　传统视频转换为全景视频界面9

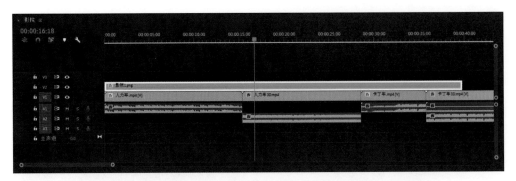

图7-29　传统视频转换为全景视频界面10

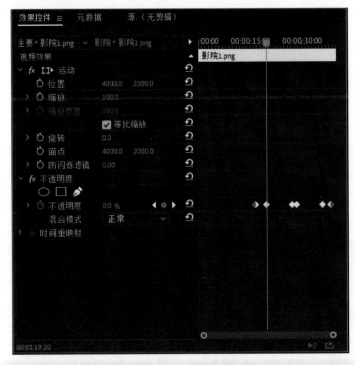

图7-30　传统视频转换为全景视频界面11

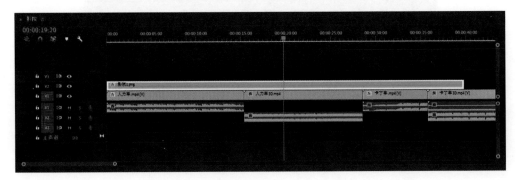

图7-31　传统视频转换为全景视频界面12

　　两段视频的过渡是通过调整影院视频条的透明度来实现传统视频与全景视频的转换的。打点数值及打点位置如图7-32、图7-33。

图7-32　传统视频转换为全景视频界面13

图7-33　传统视频转换为全景视频界面14

调节后视频效果从影院全景效果变成人力车全景视频。如图7-34。

图7-34　传统视频转换为全景视频界面15

接着导入第四段卡丁车视频。第三段人力车3D视频和第四段卡丁车视频过渡，也是通过打点影院视屏的透明度，将全景视频过渡到传统视频的。图7-35是打点数值。

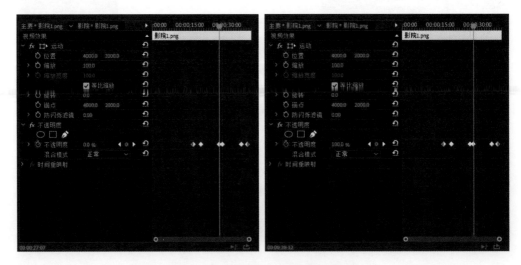

图7-35　传统视频转换为全景视频界面16

导入第五段卡丁车3D视频,过渡方法和第二段过渡第三段视频方法一样,实现传统视频转换为全景视频。见图7-36。

图7-36 传统视频转换为全景视频界面17

最终生成MP4格式的文件,导入VR眼镜中进行沉浸式观影。

？ 课后思考题：

1. 在Adobe Premiere Pro里用什么插件可以变为球体?

2. 传统视频转换为全景视频时,为什么要加入影院全景图?

3. 为什么不直接拍摄全景VR视频,而要采用传统视频转换为全景视频的方式?

4. 全景VR图片转化为2D普通视频有哪些优势?

附　录

附录一　关于VR的相关政策

附录一

附录二　高职院校虚拟现实应用技术专业

附录二

附录三　全球VR电影节

附录三

图书在版编目（CIP）数据

虚拟现实技术：VR全景实拍基础教程 / 韩伟著. --2版. --北京：中国传媒大学出版社，2022.9
ISBN 978-7-5657-3169-3

Ⅰ. ①虚… Ⅱ. ①韩… Ⅲ. ①虚拟现实—高等学校—教材 Ⅳ. ①TP391.98

中国版本图书馆 CIP 数据核字（2022）第 039006 号

虚拟现实技术：VR 全景实拍基础教程（第二版）

XUNI XIANSHI JISHU：VR QUANJING SHIPAI JICHU JIAOCHENG（DI-ER BAN）

著　　者	韩　伟
策划编辑	李水仙
责任编辑	李水仙
封面设计	徐丽丽
责任印制	李志鹏

出版发行	中国传媒大学出版社		
社　　址	北京市朝阳区定福庄东街 1 号	邮　　编	100024
电　　话	86-10-65450528　65450532	传　　真	65779405
网　　址	http://cucp.cuc.edu.cn		
经　　销	全国新华书店		
印　　刷	北京中科印刷有限公司		
开　　本	787mm×1092mm　1/16		
印　　张	11.5		
字　　数	225 千字		
版　　次	2022 年 9 月第 2 版		
印　　次	2022 年 9 月第 1 次印刷		
书　　号	ISBN 978-7-5657-3169-3/TP・3169	定　　价	69.00 元

本社法律顾问：北京嘉润律师事务所　郭建平